Solutions développées

1875

SOLUTIONS DÉVELOPPÉES

DES

EXERCICES ET DES PROBLÈMES

contenus dans

L'ABRÉGÉ D'ARITHMÉTIQUE

PAR

I. LUQUET

professeur de mathématiques.

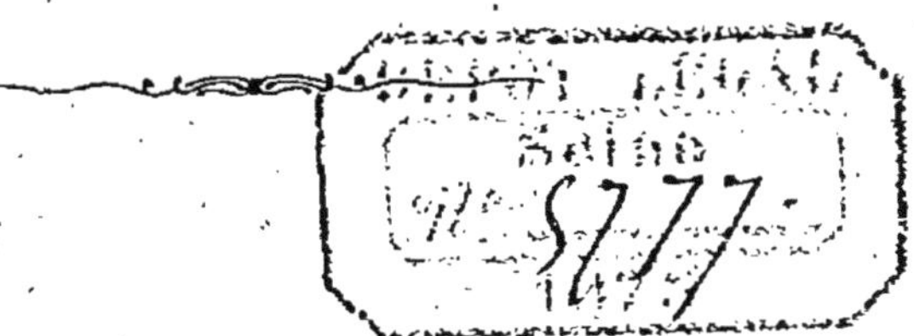

PARIS.

LIBRAIRIE CLASSIQUE DE CH. FOURAUT ET FILS

rue Saint-André-des-Arts, 47.

—

1875

TABLE DES MATIÈRES

FIN DE LA TABLE.

5-120 PARIS. — TYP. MORRIS PÈRE ET FILS, RUE AMELOT, 64.

SOLUTIONS

DES EXERCICES ET DES PROBLÈMES

DE

L'ABRÉGÉ D'ARITHMÉTIQUE

CHAPITRE PREMIER

Notions préliminaires.

Cinq, trois, huit, six.

Onze, dix-sept, seize, douze.

Trente-six, quarante-quatre, cinquante-six, soixante-neuf.

Cent sept, cent quarante-six, huit cents, sept cent vingt-six.

Cent trente, cent neuf, cent douze, cent quarante-quatre.

Cent cinquante-sept, deux cent six, deux cent douze, deux cent soixante-treize.

Sept cent vingt-trois, huit cent dix-sept, huit cent trente-quatre, huit cent quatre.

Le cheval, la pomme, l'homme, le livre, la

fenêtre, le mouton, la poule, le sac, la maison.

9. Six noix, dix-huit noix, quinze noix, soixante-quatre noix.

10. Cinq livres, neuf livres, vingt-deux livres, trente livres.

11. Douze tonneaux, soixante-cinq tonneaux, trente-neuf tonneaux, quarante tonneaux.

12. Neuf cahiers, vingt-sept cahiers, onze cahiers, treize cahiers.

13. Soixante arbres, deux cents arbres, quatorze arbres, sept arbres.

14. Huit, trente, vingt, seize, quarante-six, cinquante et un, trente-deux, quarante-neuf, soixante-treize, cent sept.

15. Deux francs dix centimes, six mètres neuf décimètres, quinze francs trente centimes, neuf mètres douze centimètres, douze unités vingt centièmes, quatre unités trente centièmes, cinq francs dix centimes, neuf grammes six décigrammes, onze litres cinq décilitres, trois francs onze centimes.

16. Trois cinquièmes, six septièmes, neuf onzièmes, quatre douzièmes, sept neuvièmes, huit seizièmes, onze quinzièmes, deux tiers, trois quarts, quatre quinzièmes.

17. Trois heures six minutes, cinq degrés quatorze minutes, six minutes deux secondes, trois jours et quatre heures, un mois neuf jours, une heure quinze minu es, neuf degrés quatre minutes, une

année et cinq mois, une semaine et trois jours, deux heures seize minutes.

ABRÉVIATIONS POUR LES N°s 18, 19 et 20 : *n. e.*, nombre entier ; *n. d.*, nombre décimal ; *f.*, fraction ; *n. c.*, nombre complexe.

18. Vingt, *n. e.* ; soixante, *n. e.* ; deux cent dix, *n. e.* ; six unités trois dixièmes, *n. d.* ; quarante unités, *n. e.* ; trente-sept unités, *n. e.* ; cinq mètres vingt-neuf centimètres, *n. d.* ; neuf cent soixante-huit francs, *n. e.* ; trois cent dix-sept unités cinq centièmes, *n. d.* ; quarante-deux kilogrammes, *n. e.* ; vingt-six centièmes, *n. d.* ; trois septièmes, *f.* ; six unités, *n. e.* ; cent quarante-quatre, *n. e.* ; deux cent trente-deux francs dix-huit centimes, *n. d.* ; sept heures deux minutes, *n. c.* ; trois cents francs, *n. c.* ; quatre heures trente-deux minutes, *n. c.*

19. Seize, *n. e.* ; quatre neuvièmes, *f.* ; mille neuf cents, *n. e.* ; vingt minutes six secondes, *n. c.* ; trois cent trente-sept, *n. e.* ; quatre cent dix grammes, *n. e.* ; dix-huit unités quatre centièmes, *n. d.* ; cinq heures dix-sept minutes, *n. c.* ; sept francs quarante centimes, *n. d.* ; six mille francs, *n. c.* ; une heure seize minutes, *n. c.* ; un gramme quatre-vingts centigrammes, *n. d.*

20. Onze grammes, *n. e.* ; soixante-six centimes, *n. d.* ; vingt-neuf francs, *n. c.* ; trois cents, *n. e.* ; quatre francs dix-sept centimes, *n. d.* ; trente mètres vingt-deux centimètres, *n. d.* ; quatre décimètres, *n. d.* ; neuf cents chevaux, *n. e.* ; dix-huit kilogrammes vingt grammes, *n. d.* ; neuf heures quinze minutes, *n. c.* ; trois degrés onze secondes, *n. c.*

CHAPITRE II

Numération des nombres entiers.

---

§ 1ᵉʳ. Numération parlée.

La solution des nᵒˢ 21 à 25 ne peut être donnée ici.

26. Une dizaine et sept unités; une dizaine et neuf unités; deux dizaines et six unités; deux dizaines et deux unités; une dizaine et six unités; une dizaine et trois unités; trois dizaines; deux dizaines et quatre unités; une dizaine et huit unités; une dizaine et deux unités.

27. Deux dizaines et deux unités; deux dizaines et quatre unités; deux dizaines et six unités; deux dizaines et huit unités; deux dizaines et trois unités; deux dizaines et neuf unités; trois dizaines; trois dizaines et trois unités.

28. Quatre dizaines et une unité; quatre dizaines et six unités; quatre dizaines et cinq unités; quatre dizaines et neuf unités; cinq dizaines; cinq dizaines et huit unités.

Les exercices des n°ˢ 29 à 37 inclusivement sont trop faciles pour qu'il soit besoin d'en donner la solution.

38. Une centaine, une dizaine et huit unités ; une centaine, deux dizaines et deux unités ; une centaine, trois dizaines et quatre unités ; une centaine, cinq dizaines et huit unités ; une centaine et six dizaines ; une centaine, six dizaines et sept unités ; une centaine, sept dizaines et cinq unités.

39. Deux centaines, quatre dizaines ; trois centaines, deux dizaines, une unité ; trois centaines, trois dizaines, six unités ; huit dizaines, neuf unités ; six centaines, six dizaines, sept unités ; huit centaines, quatre dizaines, trois unités.

40. Cinq centaines, trois dizaines, sept unités ; six centaines, trois dizaines, deux unités ; quatre centaines, huit dizaines, deux unités ; sept centaines, trois dizaines, six unités ; neuf centaines, une dizaine, deux unités ; huit centaines, neuf dizaines, six unités.

41. Trente-quatre unités.

42. Huit cent soixante-quatorze unités.

43. Huit cent cinquante-six unités.

44. Six cent quatre-vingt-neuf unités.

45. Neuf cent sept unités.

46. Quatre cent quatre-vingts unités.

47. Eugène avait en tout quatre-vingts plus huit ou quatre-vingt-huit billes.

48. Louis a reçu en tout vingt plus six ou vingt-six francs.

49. Estelle a eu tout huit plus trente, plus deux cents ou deux cent trente-huit bons points.

§ 2. Numération écrite.

50. *Pas de solution à donner ici.*

51. 20, 40, 30, 60, 50, 90, 70.

52. L'élève écrira une page de chiffres en employant seulement les nombres 11, 12, 13, 14, 15, 16, 17, 18, 19.

53. Solution trop facile pour être donnée ici.

54. 25, 32, 54, 78, 29, 30.

55. 36, 44, 48, 61, 39, 16, 31, 63, 17.

56. 27, 52, 26, 59, 72, 75.

57. 201, 202, 203, 204, 205, 206, 207, 208, 209.

58. 301, 302, 303, 304, 305, 306, 307, 308, 309.

59. 401, 402, 403, 404, 405, 406, 407, 408, 409.

60. 501, 502, 503, 504, 505, 506, 507, 508, 509.

61. 601, 602, 603, 604, 605, 606, 607, 608, 609.

62. 701, 702, 703, 704, 705, 706, 707, 708, 709.

63. 801, 802, 803, 804, 805, 806, 807, 808, 809.

64. 901, 902, 903, 904, 905, 906, 907, 908, 909.

65. 110, 111, 112, 113, 114, 115, 116, 117, 118, 119, 120, 121, 122, 123, 124, 125, 126, 127, 128, 129, 130, 131, 132, 133, 134, 135, 136, 137, 138, 139, 140, 141, 142, 143, 144, 145, 146, 147, 148, 149, 150, 151, 152, 153, 154, 155, 156, 157, 158, 159, 160, 161, 162, 163, 164, 165, 166, 167, 168, 169.

170, 171, 172, 173, 174, 175, 176, 177, 178, 179,
180, 181, 182, 183, 184, 185, 186, 187, 188, 189,
190, 191, 192, 193, 194, 195, 196, 197, 198, 199.

66. 210, 211............................... 299

67. 310, 311............................... 399

Solution analogue pour les exercices des nᵒˢ 68 à 73
inclusivement.

74. 120, 116, 118, 117, 132, 134, 148.

75. 210, 203, 241, 255, 206, 219.

76. 317, 332, 328, 362, 375.

77. 423, 453, 466, 482, 480.

78. 507, 524, 586, 512, 507, 576.

79. 604, 629, 638, 644, 663, 609.

80. 727, 792, 735, 766, 799.

81. 814, 810, 850, 839, 817, 825.

82. 930, 936, 932, 947, 928.

83. 519, 832, 967, 643, 709, 815.

84. 1426, 1518, 1734, 1612, 1743, 1729.

85. 2815, 2460, 2728, 2451, 2608.

86. 3456, 3284, 3732, 3637.

87. 8232, 8963, 8772, 8205.

88. 9304, 7049, 2608, 7039, 6203.

89. 3007, 4005, 6009, 2012, 7015, 8003, 7019.

90. 18423, 20663, 12746, 30928.

91. 33407, 42028, 67009, 28004.

92. 238007, 119, 564718, 956122.

93. 324601, 916503, 833006, 127009.

94. 618003, 705200, 800004, 703017, 500014.

95. 3518725, 2433209, 8507392.

96. 22535918, 16732627, 12720003.

97. 436824760, 19006007, 22007300.

98. 9009009, 700007700, 16000018, 1072, 316002.

99. Dix-sept, soixante et un, quarante-trois, cinquante-deux, soixante-huit, cinquante-quatre, soixante quatorze, soixante-quinze, quatre-vingt-seize, quatre-vingt-treize, soixante-dix-huit.

100. Trente deux, quarante-sept, cinquante et un, soixante, quatre-vingts, dix-huit, quarante-sept, cinquante-neuf, soixante et un, quatre-vingt-sept, deux cent soixante-deux.

101. Cent vingt-sept, cent soixante-huit, deux cent trente-six, quatre cent quinze, six cent dix-neuf, huit cent vingt-neuf, deux cent douze, six cent quinze, soixante et onze.

102. Deux cent dix huit, trois cent vingt-sept, quatre cent trente huit, neuf cent cinquante et un, six cent seize, cinq cent quinze, sept cent vingt-neuf, huit cent trois, quatre-vingt-dix-neuf.

103. Six cent un, sept cent dix, sept cent trois, huit cent vingt, sept cent soixante-six, huit cent quatre-vingt-huit, neuf cent neuf, cinq cent trente-quatre, quarante et un.

104. Vingt-deux, soixante-quatre, cinquante-trois,

trente-six, quarante-neuf, trente, soixante-dix, vingt-cinq, dix-neuf, douze, ving-neuf.

105. Soixante-treize, quarante-cinq, cinquante-deux, soixante-huit, soixante-quatorze, cinquante-neuf, treize, quinze, dix-sept, vingt-huit, soixante-dix-sept.

106. Sept cent douze, huit cent six, cinq cent soixante-trois, trois cent soixante-huit, six cent quatre-vingt-trois, sept cent vingt deux, huit cent quarante et un, cent soixante, quatre-vingt-onze.

107. Deux cent trois, six cent dix-huit, huit cent vingt-quatre, quatre cent cinquante et un, sept cent trente, huit cent neuf, cinq cent sept, neuf cent six, quatre-vingt-quatre.

108. Deux cent vingt-quatre, trois cent soixante et un, cent soixante-quatre, six cent soixante-quatorze, quatre cent soixante-sept, neuf cent soixante-dix-huit, huit cent soixante-dix neuf, huit cent quatre-vingt-huit, soixante-quinze.

109. Mille deux cent trente-six, mille quatre cent cinquante et un, mille six cent soixante-trois, deux mille cinq cent dix-huit, quatre mille sept cent trente-cinq, sept mille huit cent vingt-quatre, deux mille six cent quarante-huit.

110. Quatre mille deux cent soixante-quinze, deux mille sept cent soixante-dix, six mille sept cent huit, quatre mille neuf cent cinquante, sept mille huit cent quatre, huit mille deux cent six, trois mille sept cent vingt-deux.

111. Trois mille cinq cent trois, trois mille six

cents, deux mille huit cents, neuf mille soixante-
sept, huit mille vingt-quatre, sept mille quatre
cent neuf, neuf mille cinq cent quatre.

112. Deux mille quatre cent dix-sept, mille
sept cent trente et un, deux mille huit cent ...,
cinq mille quatre cent treize, cinq mille huit cent
quinze, sept mille deux cent quarante ... mille,
mille six cent quarante-neuf.

113. Trois mille cinq cent quarante ... ...
mille quatre cent trente-deux, neuf mille ...
mille ... vingt-sept mille un, six mille quatre ...
mille vingt-cinq, sept mille sept cent si...

114. Neuf mille quatre cent trente-cinq, cinq
mille sept cent quatre-vingt-neuf, huit mille ...
cent un, neuf mille quatre cent cinq, cinq mille ...
quarante-trois, deux mille sept cent trente-neuf,
... mille ...

115. Vingt mille trois cent soixante ... ...
mille quatre cent douze, trente-deux mille ... cent
... cinquante-quatre mille huit cent dix-sept ...
vingt mille quatre cent trente-neuf ... ...
cent trente-huit ...

116. Trente-deux mille soixante-quatre, cinquante-
deux mille huit cent quatorze, quatre-vingt-...
mille cinq cent quarante-deux, trente-neuf mille ...
cent huit, trente mille vingt-cinq, quarante mille huit ...

117. Soixante-trois mille quatre cent vingt ...
quarante-huit mille neuf cent vingt et un ...
deux mille six cent quarante-sept, cinq mille ...
mille huit cent vingt-cinq, soixante-trois mille deux

cent quarante-huit, cinquante mille huit cent quarante-neuf.

118. Dix-sept mille cent quarante et un, vingt et un mille neuf cent un, soixante et un mille quatre cent cinquante et un, cinquante-deux mille trois, quinze mille vingt-sept, trente mille huit.

119. Quatre cent vingt-trois mille cinq cent trente-quatre, six cent trente-cinq mille huit cent vingt et un, huit cent trente-sept mille cinq cent quarante, deux cent soixante-trois mille quatre cents, trois cent vingt-sept mille neuf cent huit.

120. Deux cent dix-neuf mille quatre cent cinquante-cinq, six cent soixante-sept mille trois, trois cent vingt-quatre mille quarante-huit, huit cent vingt-sept mille cinquante-quatre, huit cent vingt mille cinq cent trente-six.

121. Deux cent quatre-vingt-treize mille cinq cent cinquante-six, quatre cent dix-huit mille neuf cent vingt-sept, trois cent soixante-trois mille huit cent cinquante-neuf, deux cent sept mille quatre cent vingt-deux, trois cent quinze mille six cent soixante et un.

122. Huit cent soixante-sept mille deux cent dix-neuf, deux cent cinquante-sept mille trois cent trente-six, huit cent vingt mille soixante-quatre, neuf cent soixante-quatre mille cinq cent six, huit cent six mille deux cents.

123. Trois cent seize mille six cent vingt-quatre, huit millions quatre cent soixante mille cinq cent neuf, six millions quatre cent trente mille sept cent trente, huit millions trois cent soixante mille deux cent cinq, sept cent trois mille quatre.

124. Soixante-sept mille sept cent quarante et un, vingt mille huit cent cinq, vingt et un mille sept cent neuf, trente-trois mille quatre cent cinquante, soixante mille deux cent dix-neuf, neuf cent quatre-vingt mille quatre.

125. Quatre-vingt-un millions trois cent six mille cent huit, deux cent dix-neuf, cinq cent quarante-huit mille, trois millions quatre cent soixante mille trois, sept mille vingt-quatre, quatre-vingt-sept mille trois cent quarante.

126. Six cent trois, soixante-dix mille quatre cent quinze, quatre cent un, dix-sept mille quatre cent quarante, trente-deux mille huit cent cinq, neuf cent trois, soixante-quatre, quatre-vingt-quatorze.

127. Six cent soixante-dix mille quatre cent trente-huit, cinq cent trente-sept, mille quarante-trois, quinze mille six cent trente, neuf cent vingt-cinq, huit cent douze, quatre mille dix-sept.

128. 1re *Question.* — 420, 580, 640, 560, 370, 490, 710, 5120, 2160, 93580.

2e *Question.* — 4200, 5800, 6400, 5600, 3700, 4900, 7100, 51200, 21600, 935800.

3e *Question.* — 42000, 58000, 64000, 56000, 37000, 49000, 71000, 512000, 216000, 9358000.

129. 1re *Question.* — 6250, 7360, 8840, 2690, 53050, 9270, 5830, 49610, 2530.

2e *Question.* — 62500, 73600, 88400, 26900, 530500, 92700, 58300, 496100, 25300.

3e Question. — 625000, 736000, 884000, 269000, 5305000, 927000, 583000, 4961000, 253000.

130 *1re Question.* — 84050, 2730, 18100, 9380, 8420, 814050, 6190, 7730.

2e Question. — 840500, 27300, 181000, 93800, 842000, 8140500, 61900, 77300.

3e Question. — 8405000, 273000, 1810000, 938000, 842000, 81405000, 619000, 773000.

131. 2, 3, 6, 18, 9, 75, 92, 3150, 193.

132. 4730, 9260, 418, 624, 53, 1215, 410.

133. 425, 73, 80, 910, 81417, 4370.

134. 670, 925, 1883, 1294, 60, 850.

135. 8, 73, 1, 41, 2035, 73.

136. 14, 75, 17824, 382, 56073.

137. 10 crayons coûtent 10 fois plus ou 50 centimes; 100 crayons coûtent 100 fois plus ou 500 centimes ou 5 francs.

138. 10 plumes coûteront 10 centimes.

139. Il apprendrait 40 lignes.

140. En 10 jours, Ernest gagne 40 bons points.

141. 10 kilogrammes de cerises coûtent 120 centimes ou 1 franc 20 centimes.

142. Un mètre coûte 10 fois moins, ou 2 francs.

143. Un stère coûte 8 francs.

144. Un mètre coûte 7 francs.

145. Ce bœuf a eu 40 kilogrammes de foin par jour.

146. Une paire de bas a coûté 4 francs.

CHAPITRE III

Opérations fondamentales

Addition des nombres entiers

147. 6, 7, 8, 10, 9, 12.

148. 8, 13, 9, 10, 8, 7.

149. 9, 11, 9, 10, 9, 13.

150. 12, 14, 15, 7, 17, 18.

151. 11, 13, 9, 11, 16, 14.

152. Émile a reçu en tout $2 + 6 = 8$ francs.

153. Eugène prend en tout $5 + 4 = 9$ noix.

154. Henri a $6 + 2 = 8$ pommes.

155. On achète en tout $5 + 8 = 13$ stères de bois.

156. Il y a dans le tas $5 + 4 + 3 = 12$ fagots.

157. 156 mètres.	161. 126 habits.
158. 153 francs.	162. 175 noix.
159. 186 grammes.	163. 1071 fusils.
160. 105 pommes.	164. 10390 soldats.

165. 2085 chevaux.
166. 8675 bœufs.
167. 10247 kilogr.
168. 12273 moutons.
169. 7525 bouteilles.
170. 8384 assiettes.

171. 21455 serrures.
172. 9955 couteaux.
173. 15184 canifs.
174. 17381 écrous.
175. 67587 vis.
176. 4475300 boulons.

177. 74 ; 105 ; 116 ; 45 fruits.

178. 75 ; 124 ; 140 ; 136 noix.

179. 397 ; 573 ; 775 poires.

180. 888 ; 1337 ; 1525 soldats.

181. 863 ; 1106 ; 1016 mètres.

182. Le chargement de sa voiture est de $124 + 116 + 75 = 314$ kilogr.

183. Ce pré a produit $315 + 180 = 495$ bottes de foin.

184. Ce propriétaire a déboursé en tout $720 + 814 + 415 = 1949$ francs.

185. Le nombre de ces arbres est de $1419 + 1890 + 747 + 2600 = 6656$.

186. On achète en tout $500 + 1760 + 826 = 3086$ kilogr. de riz.

187. Le total de ces mémoires est de $1475 + 2328 + 1500 = 5303$ francs.

188. La valeur de cet héritage est de $7308 + 7308 + 7308 + 7308 + 7308 + 18645 = 55185$ fr.

189. Ce cultivateur a récolté en tout $6954 + 18720 = 25674$ kilogr. de navets.

190. Cette personne est décédée en $1823 + 45 = 1868$.

191. Ce marchand de bois a rentré dans ses magasins $426 + 618 + 520 + 416 + 318 + 312 = 2610$ mètres de planches.

192. Ce fermier a reçu $670 + 520 + 1835 + 180 = 3205$ francs.

193. La longueur totale des haies est de $32 + 32 + 32 + 32 = 128$ mètres.

194.   Compte d'une laiterie.

JOURS	LAIT TIRÉ		TOTAL	Consommé à la ferme.	Converti en beurre.	TOTAL ÉGAL au 1er.
	MATIN Litres	SOIR Litres				
Lundi......	48	32	80	40	40	80
Mardi......	46	33	79	53	26	79
Mercredi..	47	30	77	52	25	77
Jeudi	45	29	74	54	20	74
Vendredi..	49	36	85	56	29	85
Samedi ...	44	35	79	57	22	79
Dimanche.	42	34	76	54	22	76
	TOTAL....	550		TOTAL....		550

195. Cette estimation s'élève à $1600 + 1800 + 8546 + 4752 = 16698$ francs.

196. Les achats de ce négociant s'élèvent à 4640 + 2730 + 2680 + 3956 = 14006 francs.

197. Modèle d'un livre des ensemencements et des récoltes.

CONTRÉES	Quantités ensemencées	Nombre des gerbes récoltées.	Produit en doubles-décalitres.
Le Jardin..	60 ares.	709	78
Le Village.	137 —	1545	137
Les Preux.	215 —	2730	288
Les Bas ...	43 —	549	55
Totaux...	455 ares.	5533	558

198. La distance de Paris à Belfort est de 167 + 95 + 119 + 62 = 443 kilomètres.

199. La population de ces trois villes réunies est de 306000 + 122000 + 102000 = 530000 habitants.

200. En 1859, la marine marchande belge a transporté 12703 + 27347 = 40050 tonneaux.

CHAPITRE IV

Soustraction des nombres entiers.

201. Reste 7 ; 6 ; 8 ; 5 ; 4.

202. Reste 4 ; 3 ; 5 ; 6 ; 7.

203. Reste 2 ; 4 ; 4 ; 2 ; 4 ; 1.

204. Reste 3 ; 4 ; 2 ; 8.

205. Reste 10 ; 10 ; 9 ; 14 ; 7.

206. Il me reste $8 - 2 = 6$ francs.

207. Il reste à Louise $15 - 8 = 7$ pommes.

208. Il reste à Bernard $17 - 6 = 11$ agneaux.

209. Il reste dans le sac $16 - 7 = 9$ kilogr. de café.

210. Il reste $13 - 4 = 9$ mètres de drap.

211. 22, 47, 32, 29, 23.

212. 79, 179, 291, 94.

213. 526, 716, 809, 99.

214. 1234, 1107, 1447, 2314.

215. 2201, 5492, 28968.

216. 190294, 8692270, 56363.

217. Voir les n°ˢ 211, 212 et 213.

218. Il reste 112 — 43 = 69 mètres de toile.

219. Il me reste 319 — 158 = 161 francs.

220. Je redois encore 12450 — 5430 = 7020 francs.

221. Ce particulier a encore à recevoir 680 — 318 = 362 francs.

222. Il reste 285 — 176 = 109 moutons.

223. Ce fermier gagne 1150 — 668 = 482 francs.

224. On a gagné 1475 — 1340 = 135 francs.

225. Il reste à Louis 685 — 599 = 86 doubles-décalitres d'avoine.

226. On avait payé ces marchandises 6432 — 720 = 5712 francs.

227. La superficie de la France surpassait celle de la Belgique de 546000 — 29455 = 516545 kilom. carrés.

228. Cette personne a vécu 1870 — 1837 = 33 ans.

229. De 1866 à 1872, la population de la France a diminué de 36469856 — 36102291 = 367565 habitants.

230. J'ai gagné 3000 — 2870 = 130 francs.

231. J'avais payé cette coupe de bois 12680 — 1276 = 10404 francs.

232. Il me restait 14732 — 3209 = 11523 francs.

Problèmes sur l'addition et la soustraction combinées.

233. Ce marchand ayant expédié 84 + 17 = 101 pièces de mousseline, il lui en reste 275 — 101 = 174 pièces.

234. Il reste $220 - (46 + 68 + 7) = 99$ doubles-décalitres de pommes de terre.

235. Le troisième fût devra avoir une capacité de $1280 - (520 + 228) = 532$ litres.

236. Ce fermier doit encore livrer $3748 - (540 + 2000) = 1208$ bottes de foin.

237. J'avais en tout $240 + 156 = 396$ doubles-décalitres d'avoine ; après la vente, il m'en reste $396 - 188 = 208$ doubles-décalitres.

238. Je lui dois encore $(537 + 268 + 400) - (325 + 140) = 740$ francs.

239. Livre de caisse d'un commerçant.

ENTRÉE OU RECETTES			SORTIE OU DÉPENSES		
Dates.		Fr.	Dates.		Fr.
2 janv.	Reçu de la vente de 300 mètres de drap	2400	3 janv.	Acheté au comptant 500 k. café à 3 fr. le k.	1500
3 id.	Reçu de la vente de 12 pièces de toile.	1300	4 id.	Payé 1 terme de loyer	650
5 id.	Encaissement de l'effet Louis......	2504	6 id.	Payé appointements du 1er commis.	250
			7 id.	Payé traite Henry.....	1500
	TOTAL......	6204		TOTAL....	3900

Les recettes surpassent les dépenses de $6204 - 3900 = 2304$ francs.

240. Le second ouvrier a reçu 86 francs ; le premier, $86 + 17 = 103$ francs ; ensemble ils ont reçu $86 + 103 = 189$ francs.

241. En Belgique, le terrassier peut économiser $635 - 582 = 53$ francs ; en France, il économiserait $940 - 897 = 43$ francs. C'est donc la Belgique qui offre le plus d'avantage à cet ouvrier.

242. **Livre de magasin d'un cultivateur.**

ORGE.

Entrée.			Sortie.		
DATES	DÉTAIL	Doubles-décalitres.	DATES	DÉTAIL	Doubles-décalitres.
1873 5 nov.	Battu à la machine......	84	10 nov.	Vendu à Lasnier	160
			15 id.	— à Boiteux	85
6 id.	—	92	16 id.	Consommé par la maison...;..	17
7 id.	—	85	16 id.	Vendu en compte à Bernard, homme de journée......	
10 id.	—	60			
11 id.	—	77			
12 id.	—	83			6
	TOTAL......	481		TOTAL	268

Les entrées surpassent les sorties de $481 - 268 = 213$ doubles-décalitres.

Multiplication des nombres entiers.

23. 18, 10, 32, 30, 21, 48.
24. 18, 40, 28, 42, 49, 72.
25. 40, 20, 36, 18, 21, 10.
26. 6, 12, 30, 48, [illegible]
27. [illegible] 36, 35, [illegible]

28. 3 doubles-décalitres coûtent [illegible]

[illegible] heures, ce journalier [illegible]

255. 1755, 5058, 2163, 5100.

256. 7368, 3680, 2634, 2631.

257. 2235, 4488, 820, 7263.

258. 10344, 16275, 16810, 13068.

259. 393516, 252060, 4324470, 371.

260. 301806, 171352, 514780, 528.

261. 7 sacs de ce riz pèsent $52 \times 7 = 364$ kilogr.

262. 8 sacs de grain valent $34 \times 8 = 272$ francs.

263. 8 voitures contiennent $285 \times 8 = 2280$ bottes de foin.

264. On aurait récolté $315 \times 6 = 1890$ kilogr. de navets.

265. 9 pains de sucre pèsent $14 \times 9 = 126$ kilogr.

266. 7 quintaux de ce chanvre valent $127 \times 7 = 889$ francs.

267. 6 mètres-cubes de ce fumier pèsent $826 \times 6 = 4956$ kilogr.

268. Les 7 sacs, contenant $8 \times 7 = 56$ doubles-décalitres, valent $56 \times 3 = 168$ francs.

269. On en aurait conduit $1840 \times 8 = 14720$ kilogr.

270. Cette machine bat $320 \times 5 = 1600$ doubles-décalitres d'orge.

271. Cette personne gagne $313 \times 3 = 939$ francs.

272. 115830, 235484, 169708, 7830.

273. 467520, 165878, 253750, 2886.

274. 237750, 126377, 307806, 935.

275. 214389, 1305030, 3609498.

276. 2336960, 1618065, 23118750.

277. 815727, 16382492, 22363187.

278. 549600, 462215, 4691232.

279. 220395030, 39329202, 109949030.

280. Les résultats doivent être conformes à ceux des n⁰ˢ 272 à 279.

281. 730 hectolitres de ce blé valent 28 × 730 = 20440 fr.

282. Les 72 sacs valent 72 × 8 × 4 = 2304 fr.

283. On récoltera 33 × 72 = 2376 litres de cette graine.

284. 173 hectolitres de graine de navette valent 26 × 173 = 4498 fr.

285. On a recueilli 18 × 57 = 1026 kilogr. de tiges sèches; 4 × 57 = 228 kilogr. de filasse épurée; 9 × 57 = 513 kilogr. de graine de lin.

286. On paiera 230 × 170 = 39100 fr.

287. 871 quintaux valent 392 × 871 = 341432 fr.

288. 269 quintaux valent 57 × 269 = 15333 fr.

289. 2376 sacs valent 64 × 2376 = 152064 fr.

290. On doit payer 96 × 864 = 82944 fr.

291. 17 barriques valent 3 × 17 × 528 = 26928 fr.

292. 648 sacs valent 273 × 648 = 176904 fr.

293. 68 kilogr. valent 238 × 68 = 16184 fr.

294. Ce chargement vaut 128 × 24 = 3072 fr.

295. La valeur de ce troupeau est de 35 × 634 = 22190 fr.

CHAPITRE VI

Division des nombres entiers.

---

296. Chaque élève aura 5 ou 4 de ces objets.

297. Chaque élève aura 4, 5, 6, 7 objets.

298. Chaque élève aura 3, 4, 6, 5 objets; dans le dernier exemple, il restera 2 objets.

299. 9, 3, 4, 5, 6, 6, 9.	**305.** 6, 7, 6, 8, 3, 6, 5.
300 8, 6, 9, 8, 5, 3, 4.	**306.** 9, 3, 3, 3, 4, 5, 9.
301. 7, 7, 9, 9, 4, 5, 3.	**307.** 6, 6, 9, 9, 9, 6, 2.
302. 3, 5, 6, 7, 8, 4, 4.	**308.** 9, 8, 9, 9, 8, 9, 9.
303. 9, 7, 8, 8, 8, 5, 4.	**309.** 5, 7, 5, 7, 4, 9, 9.
304. 4, 8, 6, 7, 3, 5, 5.	

310. Chaque personne aura 32 : 4 = 8 fr.

311. On aura 24 : 3 = 8 doubles-décalitres de noix.

312. Cet ouvrier mettra 28 : 4 = 7 jours.

313. Ce moissonneur doit mettre chaque fois 54 : 6 = 9 gerbes.

314. Chaque enfant aura 63 : 7 = 9 nèfles.

315. Un stère de bois a produit 320 : 8 = 40 fagots.

316. Le kilogr. de ce café revient à 27 : 9 = 3 fr.

317. Les 3 vaches mettront 72 : 8 = 9 jours.

318. On aura 63 : 7 = 9 mètres de drap.

319. 2, 2, 2, 2, 3, 3.	326. 6, 9, 8, 2.
320. 3, 2, 4, 3, 3, 3.	327. 5, 7, 4, 9, 8, 9, 7, 4.
321. 5, 9, 5, 7, 3, 4.	328. 3, 4, 9, 3, 6, 9, 8, 8.
322. 8, 6, 6, 5, 4.	329. 9, 4, 9, 8, 9, 7, 7.
323. 6, 9, 7, 7, 6.	330. 6, 7, 7, 8, 8, 5.
324. 8, 4, 5, 8.	331. 8, 9, 8, 4, 9, 9.
325. 7, 5, 3, 9.	332. 3, 8, 5, 3, 3, 8, 8.

333. Chaque fauteuil a coûté 640 : 16 = 40 fr.

334. Chaque vase a été vendu 135 : 15 = 9 fr.

335. Il faut 1540 : 220 = 154 : 22 = 7 tonneaux.

336. On a vendu 296 : 37 = 8 moutons.

337. J'avais 294 : 42 = 7 sacs de blé.

338. Ce marchand a gagné 555 : 185 = 3 fr. par mètre.

339. Il a vendu chaque grille 522 : 174 = 3 fr.

340. Ce fabricant a vendu chaque parapluie 3864 : 483 = 8 fr.

341. Ce tailleur a reçu 5778 : 642 = 9 fr. par tunique.

342. Il a payé chaque double-décalitre 592 : 74 = 8 fr.

343. Il faudra faire 2520 : 360 = 7 voyages.

344. Cet ouvrier a gagné 1200 : 300 = 4 fr. par jour ouvrable.

345. Le cent de bottes de luzerne revient à 280 : 7 = 40 fr.

346. Une oie a été vendue 1400 : 280 = 5 fr.

347. 752, 429, 729, 176.	**353.** 286, 68.
348. 615, 927, 759, 695.	**354.** 79, 3.
349. 315, 841, 305, 82.	**355.** 152, 411.
350. 943, 658, 546, 181.	**356.** 98, 1808.
351. 1723, 1606.	**357.** 8, 17.
352. 783, 233.	**358.** 49, 12.

359. La longueur de cette pièce de toile est de 312 : 3 = 104 mètres.

360. On aura 189 : 3 = 63 hectolitres de chaux.

361. Ce bijoutier a acheté 4986 : 18 = 277 bagues.

362. Ce quincaillier a 1236 : 4 = 309 douzaines de limes.

363. On pourra marner 3913 : 265 = 14 hectares de terre, à moins d'une unité près.

364. La longueur de cette muraille est de 1460 : 12 = 121 mètres environ.

365. On a employé 6496 : 32 = 203 milliers de briques.

366. J'ai acheté 600 : 12 = 50 stères de bois.

367. On en a récolté 4870 : 32 = 152 hectolitres environ.

368. Cette machine mettra 2640 : 280 = 9 jours environ.

369. Il faut 4000 : 50 = 80 gabions.

370. La part de chaque personne sera de 15000 : 7 = 2143 fr. environ.

371. Cette machine pourra fonctionner pendant 1300 : 34 = 38 heures environ.

372. L'étendue de ce champ est de 1450 : 3 = 483 ares environ.

373. On aura 6700 : 118 = 56 hectolitres d'huile de navette environ.

374. Il a fallu 2735 : 280 = 9 gerbes environ.

375. On pourra nourrir cette vache pendant 23650 : 22 = 1075 jours.

376. Il y a dans chaque rang 6375 : 42 = 151 arbres, à moins d'une unité près.

377. Ce rapport est 1825000 : 181163 = 10 environ, c'est-à-dire que Paris est environ dix fois plus peuplé que Bruxelles.

378. On en consomme 17415 : 37 = 470 tonnes environ.

Problèmes de récapitulation sur les quatre opérations des nombres entiers.

379. Puisque j'ai payé ce café $1475 \times 3 = 4425$ fr., j'ai gagné $5130 - 4425 = 705$ fr.

380. Ce marchand gagne $2880 - (175 \times 7 \times 2) = 430$ fr.

381. Un double-décalitre de navette donnant $10 : 2 = 5$ litres d'huile, 23 doubles-décalitres en produisent $23 \times 5 = 115$ litres.

382. Le prix du bœuf est $(175 \times 12) - (1000 + 600) = 500$ fr.

383. L'étendue de la terre cultivée en froment est de $126 : 3 = 42$ ares; l'étendue de la terre cultivée en orge est de $42 \times 2 = 84$ ares.

384. J'ai gagné $[(350 \times 26) + (350 \times 25)] - (700 \times 22) = 2450$ fr.

385. On aura $(5 : 2) \times 100 = 250$ kilogr. de pain.

386. Ce matelas m'a coûté $(16 \times 5) + 10 + 4 = 94$ fr.

387. Il lui reste encore à fournir $540 - 239 = 301$ kilogr. d'huile valant $301 \times 3 = 903$ fr.

388. Ce fermier a gagné $1000 - [(840 + (15 \times 2)] = 130$ fr.

389. Les betteraves ont produit $17 \times 7 = 119$ fr.; les pommes de terre, $12 \times 9 = 108$ fr.; le tout, $119 + 108 = 227$ fr. Un are a produit $227 : 60 = 3$ fr. à une unité près.

390. Il a vendu le cheval $8064 : 12 = 672$ fr.; le

mulet, 3488 : 16 = 218 fr. Les 12 chevaux lui avaient coûté 8064 — (45 × 12) = 7524 fr.; les 16 mulets lui avaient coûté 3488 + (16 × 8) = 3616 fr.

391. On aurait 672 : 12 = 56 barils de harengs et 672 : 3 = 224 boîtes de sardines.

392. Le prix de vente étant 1800 × 15 = 27000 fr., le marchand gagnera 27000 — (20000 + 1470) = 5530 fr.

393. Cet ouvrier a gagné [(2 × 7) + (3 × 4)] — 2 = 24 fr.

CHAPITRE VII

Théorèmes relatifs à la multiplication et à la division.

394. 27, 40, 36.

395. 42, 18, 56.

396. 162.

397. 280.

398. 108.

399. 360.

400. 1920000, 201600, 4865400000, 5600.

401. 11033400, 58560000, 27170000.

402. 6139300, 288420000, 34650000.

403. 5807700000, 900448500, 1281450000.

404. 1re *Question*. — 112, 54, 80, 126, 48, 112, 72.
2^e *Question*. — 168, 81, 120, 189, 72, 168, 108.
3^e *Question*. — 224, 108, 160, 252, 96, 224, 144.
4^e *Question*. — 280, 135, 200, 315, 120, 280, 180.

405. 1re *Question*. — 60, 336, 684, 450, 976, 576.
2° *Question*. — 90, 504, 1026, 675, 1464, 864.

3° *Question.* — 120, 672, 1368, 900, 1952, 1152.

4° *Question.* — 150, 840, 1710, 1125, 2440, 1440.

406. 1ʳᵉ *Question.* — 1768, 6324, 1972, 9600, 900.

2° *Question.* — 2652, 9486, 2958, 14400, 1350.

3° *Question.* — 3536, 12648, 3944, 19200, 1800.

4° *Question.* — 4420, 15810, 4930, 24000, 2250.

407. 1ʳᵉ *Question.* — 26720, 15680, 11216, 11088, 21552.

2° *Question.* — 40080, 23520, 16824, 16632, 482328.

3° *Question.* — 53440, 31360, 22432, 22176, 643104.

4° *Question.* — 66800, 39200, 28040, 27720, 803880.

408. 1ʳᵉ *Question.* — 292830, 1421200, 184470, 101352.

2° *Question.* — 439245, 2131800, 276705, 152028.

3° *Question.* — 585660, 2842400, 368940, 202704.

4° *Question.* — 732075, 3553000, 461175, 253380.

409. 1ʳᵉ *Question.* — 29748, 95670, 13716936, 6160976.

2° *Question.* — 44622, 143505, 20575404, 9241464.

3° *Question.* — 59496, 191340, 27433872, 12321952.

4° *Question.* — 74370, 239175, 34292340, 15402440.

410. 2304, 3078, 19737, 10654, 13184.

411. 1908, 6704, 21063, 8151, 12684.

412. 58080, 25992, 5260, 279210.

413. Tous ces nombres sont divisibles par 2.

414. Tous ces nombres sont divisibles par 2.

415. 818, 714, 916, 306, 290, sont divisibles par 2; les autres nombres ne le sont pas.

416. 4376, 51150, 6810, sont divisibles par 2; les autres nombres ne le sont pas.

417. Tous ces nombres sont divisibles par 3, excepté 527.

418. Tous ces nombres sont divisibles par 3.

419. Tous ces nombres sont divisibles par 3, excepté 619.

420. 6732 et 673035 sont divisibles par 3; les autres nombres ne le sont pas.

421. Tous ces nombres sont divisibles par 9.

422. Tous ces nombres sont divisibles par 9, excepté 181835.

423. Tous ces nombres sont divisibles par 9, excepté 217042.

424. Tous ces nombres sont divisibles par 9, excepté 3842123.

CHAPITRE VIII

Nombres décimaux.

425. Sept unités huit dixièmes, seize unités quatre dixièmes, cinq unités six dixièmes, douze unités vingt centièmes, quatorze unités deux centièmes, une unité quatre millièmes, trente unités onze centièmes, neuf unités cent quarante millièmes.

426. Six dixièmes, seize centièmes, quarante-sept centièmes, dix-neuf centièmes, vingt centièmes, trois millièmes, quatorze millièmes, sept cent trente et un millièmes.

427. Il faut dix dixièmes pour valoir une unité.

428. Il faut cent centièmes pour valoir une unité.

429. Il faut mille millièmes pour valoir une unité.

430. Quatre dixièmes, six dixièmes.

431. Huit dixièmes, sept dixièmes.

432. Trois dixièmes, deux dixièmes.

433. Quatre centièmes, quarante-huit centièmes.

434. Douze centièmes, cinquante-neuf centièmes.

435. Seize centièmes, soixante-trois centièmes.

436. Trois centièmes, vingt-cinq centièmes.

437. Trois unités vingt-neuf centièmes, neuf unités quatre-vingt-deux centièmes.

438. Il faut dix centièmes pour valoir un dixième.

439. Il faut dix millièmes pour valoir un centième, cent millièmes pour valoir un dixième.

440. 6,4 ; 7,6 ; 9,2.

441. 0,6 ; 0,4 ; 0,8 ; 0,3.

442. 4,12 ; 5,23 ; 14,18.

443. 20,04 ; 42,08 ; 12,05 ; 17,36.

444. 0,65 ; 0,46 ; 0,09 ; 0,80 ; 0,59.

445. 8,734 ; 3,854 ; 9,633.

446. 20,043 ; 16,015 ; 63,024.

447. 18,003 ; 7,005 ; 9,002 ; 27,011.

448. 0,008 ; 0,014 ; 0,034 ; 0,661 ; 0,019.

449. 4,3715 ; 900,3736.

450. 0,0122 ; 0,0415 ; 0,0938.

451. 0,0064 ; 0,0326 ; 0,0049.

452. 0,0016 ; 0,0092 ; 0,0065.

453. 0,0006 ; 0,0003 ; 0,0007 ; 0,0009.

454. 9,53637 ; 0,12741.

455. 0,23683 ; 0,07806.

456. 0,00933 ; 0,00073 ; 0,00041.

457. 0,00018 ; 0,00006 ; 0,00004 ; 0,09325.

458. 17,346 ; 273,738.

459. 18,000029 ; 0,000358 ; 0,041490.

460. Neuf unités quatre dixièmes ; huit unités un dixième ; dix-sept unités six dixièmes ; quarante-trois unités deux dixièmes ; quarante-neuf unités cinq dixièmes ; dix-sept unités quarante-huit centièmes ; soixante-neuf unités quarante-sept centièmes.

461. Trois dixièmes ; quatre dixièmes ; huit dixièmes ; cinq dixièmes ; sept dixièmes ; quarante-neuf centièmes ; neuf dixièmes ; six dixièmes.

462. Sept unités trente et un centièmes ; quatorze unités cinquante et un centièmes ; huit unités quatre-vingt-douze centièmes ; cinq unités trente-huit centièmes ; douze unités vingt-cinq centièmes ; dix-huit unités deux dixièmes ; trente-huit unités vingt-sept centièmes.

463. Quarante-neuf centièmes ; cinquante-huit centièmes ; soixante-quatre centièmes ; soixante-treize centièmes ; vingt-sept centièmes ; quarante-six centièmes ; soixante-quinze centièmes.

464. Trente-quatre unités six cent quinze millièmes ; trente-sept unités neuf cent quatre-vingt-un millièmes ; quarante unités cinq cent soixante-dix-huit millièmes ; trente-deux unités cinq cent soixante-quatorze millièmes ; six unités deux cent dix-sept millièmes ; soixante unités deux dixièmes.

465. Deux cent treize millièmes ; huit cent soixante-cinq millièmes ; sept cent cinquante-neuf millièmes ; huit cent trente-six millièmes ; neuf

cent dix-huit millièmes; cent quarante-six millièmes.

466. Une unité cinquante-cinq millièmes; huit
unités trente-neuf millièmes; soixante-quatre unités
quatre-vingt-six millièmes; soixante-quinze millièmes; quatre-vingt-un millièmes; six cent douze
millièmes.

467. Six unités sept millièmes; trois unités six
millièmes; six cent cinquante-sept unités huit millièmes; trois millièmes; quatre millièmes; vingt-
sept millièmes.

468. Quatre mille cinq cent trente-deux unités
six cent soixante-quatorze millièmes; quatre-vingt-
dix-sept mille trois cent soixante-quinze unités
vingt-six millièmes; trois cent soixante-deux unités
sept millièmes; neuf unités quatre cent cinquante-
cinq millièmes; douze unités quatre-vingt-quinze
dix-millièmes.

469. Sept unités trois mille six cent quarante-
trois dix-millièmes; dix-huit unités cinq cent cinquante-neuf dix-millièmes; huit mille sept cent
trente-six dix-millièmes; soixante-treize mille six
cent vingt et un dix-millièmes; quatre cent trente
mille six cent soixante-dix millionièmes.

470. Soixante-quinze dix-millièmes; vingt-deux
dix-millièmes; soixante-trois dix-millièmes; quinze
dix-millièmes; quatre-vingt-treize mille six cents
cent-millièmes.

471. Six unités trois cent soixante-quinze dix-
millièmes; huit dix-millièmes; trois cent cinquante-

huit unités neuf mille neuf cent trois dix-millièmes; cinquante et un dix-millièmes; quarante-trois mille six cent soixante-douze cent-millièmes.

472. Huit mille quatre cent trente-cinq unités sept mille trois cent vingt-six cent-millièmes; vingt-sept unités soixante mille trois cent quarante-cinq cent-millièmes; huit unités vingt-neuf mille deux cent deux cent-millièmes; neuf unités huit cent soixante-treize mille vingt-six millionièmes.

473. Soixante-sept mille trois cent vingt-deux cent-millièmes; cinquante-cinq mille trois cent vingt et un cent-millièmes; soixante-sept mille trois cent vingt et un cent-millièmes; trente mille sept cent cinq cent-millièmes; deux cent dix-sept millièmes.

474. Trente-neuf unités huit mille sept cent trente-deux millionièmes; huit unités soixante-cinq mille cinq cent quarante-trois millionièmes; cinq cent trois mille six cent quatre millionièmes; trois cent sept mille cinquante-six dix-millionièmes.

475. Vingt-sept mille trois cent soixante et une unités cinquante-sept mille soixante-trois millionièmes; huit cent quatre millionièmes; six cent trente mille cinq cent quatorze millionièmes; neuf mille trois cent soixante dix-millièmes.

476. Cinq millions quatre cent trente-deux mille cent soixante dix-millionièmes; trois cent soixante-quatorze mille cinq millionièmes; quarante-cinq unités trente-neuf millions deux cent dix mille six cent soixante-treize cent-millionièmes; quatre cent trente-trois mille deux cent vingt et un millionièmes.

177. 1re *Question.* — 67,53 ; 142,92 ; 80,51 ; 182,034 ; 557,2681.

2e *Question.* — 675,3 ; 1429,2 ; 805,1 ; 1829,34 ; 5572,681.

3e *Question.* — 6753 ; 14292 ; 8051 ; 18293,4 ; 55726,81.

178. 1re *Question.* — 23,605 ; 85,929 ; 621,451 ; 833,606 ; 182,9.

2e *Question.* — 236,05 ; 849,26 ; 6211,451 ; 833,306 ; 1829.

3e *Question.* — 2360,5 ; 8492 ; 62114,51 ; 8335,06 ; 18290.

179. 1re *Question.* — 1858,4 ; 2156,18 ; 735,39 ; 6182,15 ; 647,2.

2e *Question.* — 18584 ; 21564,8 ; 7353,9 ; 61821,50 ; 6472.

3e *Question.* — 185840 ; 215618 ; 73539 ; 618215 ; 64720.

180. 1re *Question.* — 3781,293 ; 386,734 ; 376,02 ; 105,301 ; 78,2.

2e *Question.* — 378129,3 ; 867,34 ; 3760,2 ; 2105,01 ; 782.

3e *Question.* — 3781293 ; 8673,4 ; 37602 ; 210530,1 ; 7820.

181. 1re *Question.* — 273,67 ; 983,064 ; 90,073 ; 1800,62 ; 7013,3.

2e *Question.* — 2736,7 ; 9830,64 ; 900,73 ; 18005,2 ; 70133.

3e *Question.* — 27367 ; 98306,1 ; 9007,3 ; 180053 ; 701330.

482. 1re *Question.* — 67,03 ; 50,627 ; 8,25 ; 4,2 ; 36,7 ; 5,427.

2^e *Question.* — 670,3 ; 506,27 ; 82,5 ; 42 ; 367 ; 54,27.

3^e *Question.* — 6703 ; 5062,7 ; 825 ; 420 ; 3670 ; 542,7.

483. 1re *Question.* — 325,406 ; 815,351 ; 2,18405 ; 129,072 ; 87,629.

2^e *Question.* — 32,5406 ; 81,5351 ; 0,218405 ; 12,9072 ; 8,7629.

3^e *Question.* — 3,25406 ; 8,15351 ; 0,0218405 ; 1,29072 ; 0,87629.

484. 1re *Question.* — 630,521 ; 173,536 ; 415,092 ; 1316,22 ; 1,54372.

2^e *Question.* — 63,0521 ; 17,3536 ; 41,5092 ; 131,622 ; 0,154372.

3^e *Question.* — 6,30521 ; 1,73536 ; 4,15092 ; 13,1622 ; 0,0154372.

485. 1re *Question.* — 53,4415 ; 6,9218 ; 0,6745 ; 4,321067 ; 60,0821.

2^e *Question.* — 5,34415 ; 0,69218 ; 0,06745 ; 0,4321067 ; 6,00821.

3^e *Question.* — 0,534415 ; 0,069218 ; 0,006745 ; 0,04321067 ; 0,600821.

486. 1re *Question.* — 27,39 ; 1,8169 ; 9,253 ; 91,825 ; 60,430 ; 93,406.

2^e *Question.* — 2,739 ; 0,18169 ; 0,9253 ; 9,1825 ; 6,0430 ; 9,3406.

3^e *Question.* — 0,2739 ; 0,018169 ; 0,09253 ; 0,91825 ; 0,60430 ; 0,93406.

487. 1re *Question.* — 5,63 ; 2,76 ; 0,934 ; 0,568 ; 1,472 ; 2,136 ; 8,14338.

2e *Question.* — 0,563 ; 0,276 ; 0,0934 ; 0,0568 ; 0,1472 ; 0,2136 ; 0,814338.

3e *Question.* — 0,0563 ; 0,0276 ; 0,00934 ; 0,00568 ; 0,01472 ; 0,02136 ; 0,0814338.

488. 1re *Question.* — 0,027 ; 5,013 ; 0,012 ; 0,051 ; 0,006 ; 0,093 ; 6,7005.

2e *Question.* — 0,0027 ; 0,5013 ; 0,0012 ; 0,0051 ; 0,0006 ; 0,0093 ; 0,67005.

3e *Question.* — 0,00027 ; 0,05013 ; 0,00012 ; 0,00051 ; 0,00006 ; 0,00093 ; 0,067005.

489. — **1re** *Question.* — 151,6 ; 691,8 ; 732,6 ; 503,4 ; 2314,5 ; 1374,6.

2e *Question.* — 15,16 ; 69,18 ; 73,26 ; 50,34 ; 231,45 ; 137,46.

3e *Question.* — 1,516 ; 6,918 ; 7,326 ; 5,034 ; 23,145 ; 13,746.

490. 1re *Question.* — 673,2 ; 181,5 ; 6324,5 ; 2030,5 ; 60302,9 ; 521,2.

2e *Question.* — 67,32 ; 18,15 ; 632,45 ; 203,05 ; 6030,29 ; 52,12.

3e *Question.* — 6,732 ; 1,815 ; 63,245 ; 20,305 ; 603,029 ; 5,212.

491. 1re *Question.* — 92,4 ; 64,8 ; 72,5 ; 95,3 ; 61,2 ; 84,9 ; 6753,4 ; 7,1.

2e *Question.* — 9,24 ; 6,48 ; 7,25 ; 9,53 ; 6,12 ; 8,49 ; 675,34 ; 0,71.

3e *Question.* — 0,924 ; 0,648 ; 0,725 ; 0,953 ; 0,612 ; 0,849 ; 67,534 ; 0,071.

492. — 1re *Question.* — 35 ; 543,7 ; 822,5 ; 573,4 ; 202,5 ; 2679,1 ; 32,7.

2e *Question.* — 3,5 ; 54,37 ; 82,25 ; 57,34 ; 20,25 ; 267,31 ; 3,27.

3e *Question.* — 0,35 ; 5,437 ; 8,225 ; 5,734 ; 2,028 ; 26,731 ; 0,327.

493. 1re *Question.* — 6,3 ; 40,5 ; 9 ; 86,9 ; 70,6 ; 4,9 ; 6321,4 ; 5239,3.

2e *Question.* — 0,63 ; 4,05 ; 0,9 ; 8,69 ; 7,06 ; 0,49 ; 632,14 ; 523,93.

3e *Question.* — 0,063 ; 0,405 ; 0,09 ; 0,869 ; 0,706 ; 0,049 ; 63,214 ; 52,393.

494. 1re *Question.* — 5,7 ; 6,3 ; 2,8 ; 1,6 ; 6,8 ; 2,9 ; 3,6 ; 41,7 ; 3,7 ; 4,8.

2e *Question.* — 0,57 ; 0,63 ; 0,28 ; 0,16 ; 0,68 ; 0,29 ; 0,36 ; 4,17 ; 0,37 ; 0,48.

3e *Question.* — 0,057 ; 0,063 ; 0,028 ; 0,016 ; 0,068 ; 0,029 ; 0,036 ; 0,417 ; 0,037 ; 0,048.

CHAPITRE IX

Addition des nombres décimaux.

495. 743,456.	503. 681,601.
496. 86,3665.	504. 7489,027.
497. 6744,9380.	505. 2072, 7149.
498. 7648,355.	506. 695, 2731.
499. 215,1911.	507. 356, 959.
500. 288,5739.	508. 1865, 8051.
501. 9436,1013.	509. 140, 39703.
502. 65,1751.	510. 877390, 99071.

511. Ces trois envois s'élevaient ensemble à $1451,75 + 1376,29 + 816,12 = 3644$ fr. 16 cent.

512. J'ai dépensé $12,75 + 15,50 + 16,80 = 45$ fr. 05 cent.

513. La longueur de ces quatre pièces réunies est de $102,60 + 101,30 + 99,40 + 98,95 = 102$ mèt. 25 centim.

514. Le montant de son achat est de $172,40 + 210,65 + 817,80 = 1200$ fr. 85 cent.

515. Le tout lui a coûté $1780,95 + 937,65 + 1000,12 = 3718$ fr. 72 cent.

516. Ce champ revient à $754,35 + 97,80 = 852$ fr. 15 cent.

517. Le poids de ces trois animaux réunis est de $130,750 + 125,800 + 113,650 = 370$ kilogr. 200 gram.

518. On a vendu en tout $4 + 8,9 + 6,15 + 2,237 = 21$ stères 287 millièmes de stère de bois.

519. On a dépensé $2,75 + 5,80 + 0,60 + 0,30 + 0,80 + 1,75 + 0,15 = 12$ fr. 15 cent.

520. Le total de son achat est de $1640,25 + 843,75 + 956,37 + (843,75 + 956,37) = 5240$ fr. 49 cent.

521. J'ai acheté $520,75 + (520,75 + 16,40) = 1057$ lit. 90 centil. de vin.

522. Facture d'un marchand quincaillier.

Doit M. Brunard à Jorry, marchand quincaillier
à Saint-Étienne.

DATES	DÉTAIL	FR.	C.
1873			
janvier 8	1 serrure double, à ressorts marque P. Y..............	4	80
id. 17	Ferrements de porte cochère...	17	65
id. 29	16 boulons avec écrous, à 0 fr. 57	9	12
février 15	1 porte-bouteilles..............	32	50
id. 26	1 plaque de foyer............	8	30
mars 4	1 paire de moufles............	30	80
	TOTAL...............	103	17

CHAPITRE X

Soustraction des nombres décimaux.

523. 55,72 ; 136,505 ; 58,2389 ; 754,72.

524. 173,6645 ; 353,917 ; 77,981 ; 533,55.

525. 1653,8624 ; 6,28591 ; 9,44627.

526. 125,9917 ; 581,10635 ; 22,331.

527. 399,5692 ; 176,3284 ; 864,9018.

528. 0,2205 ; 0,6761 ; 0,69049.

529. Léon gagne 21,80 — 17,50 = 4 fr. 30 cent. de plus qu'Ernest.

530. Il reste à ce négociant 737,75 — 214,50 = 523 hectolitres 25 lit. de blé.

531. Il reste à cette ménagère 52,60 — 21,75 = 30 mèt. 85 centim. de toile.

532. Je dois encore 1800,25 — 975,40 = 824 fr. 85 cent.

533. Il reste dans le tonneau $520 - 148,80 = 371$ lit. 20 centil. de cidre.

534. Il reste à ce cultivateur $918 - 421,20 = 496$ quintaux 80 kilogr. de pommes de terre.

535. L'étendue de la seconde est de $142,84 - 87,79 = 55$ ares 05 centiares.

536.   **Comptabilité de ménage.**

LIVRE DES RECETTES ET DES DÉPENSES.

DATES	DÉTAIL	ENTRÉE		SORTIE	
		Fr.	C.	Fr.	C.
Mars 1873.					
1	Allocation mensuelle	35	»	»	»
2	1/2 fromage de Brie et beurre	»	»	2	50
3	Lard et petit-salé..........	»	»	1	75
id.	Légumes, pommes de terre et haricots..............	»	»	»	90
5	1 kilogramme de riz.......	»	»	1	10
9	1 litre d'huile	»	»	1	35
14	Viande de boucherie......	»	»	3	50
15	Paiement de la quinzaine au boulanger.............	»	»	19	50
15	Une douzaine d'œufs	»	»	»	95
18	Vente de trois lapins.....	12	30	»	»
	TOTAL..........	47	30	31	55

Les recettes excèdent les dépenses de $47,30 - 31,55 = 15$ fr. 75 cent.

537. Il y a $3 - 2,500 = 0$ kilogr. 500 gr. de sucre de trop.

538. Mon marchand de bois me redoit $5,75 - 4,96 = 0$ st. 79 centièmes de stère de bois.

539. Ce marchand doit encore $5,873 - 3,725 = 2$ tonnes 148 kilogr. de charbon.

540. Ce négociant peut fournir $775 - 169,80 = 605$ mèt. 20 centim. de toile.

541. La sœur d'Émilie gagne $13,70 - 2,25 = 11$ fr. 45 cent.

CHAPITRE XI

Multiplication des nombres décimaux.

---

542. 59773,2636 ; 179,20415 ; 54,150842 ; 212,38875.

543. 78,252192 ; 9615,45079 ; 861,230574 ; 141143,85

544. 2236,1664 ; 3411,49516 ; 36,9628.

545. 161,35626 ; 4025023,92 ; 11,2152.

546. 467316,112 ; 4016,75956 ; 7074,102.

547. 4068,23745 ; 10166,29452 ; 15035.

548. 16 kilogr. d'huile d'olive coûteront $2,35 \times 16 = 37$ fr. 60 cent.

549. 34 kilogr. de savon coûteront $1,05 \times 34 = 35$ fr. 70 cent.

550. 23 caisses de bougies pèsent $16,850 \times 23 = 387$ kilogr. 550 gr.

551. La facture s'élève à $1,15 \times 845 = 971$ fr. 75 cent.

552. Le prix de ces 18 paquets de tapioca est de $3,20 \times 18 = 57$ fr. 60 cent.

553. Le prix de ces 48 lit. de vin est de $0,65 \times 48 = 31$ fr. 20 cent.

554. On doit payer $4 \times 25 \times 4,35 = 435$ fr.

555. On en récoltera $20,70 \times 32,40 = 670$ litres 68 centilitres.

556. On doit payer $0,85 \times 32 = 27$ fr. 20 cent.

557. J'ai reçu $3,60 \times 25 = 90$ fr.

558. On doit payer $3,80 \times 24,50 = 93$ fr. 10 cent.

559. J'ai reçu $0,25 \times 1450 = 362$ fr. 50 cent.

560. **Facture d'un marchand d'étoffes.**

Rouen, 13 Mars 1874.

1874		Fr.	C.	Fr.	C.
13 mars.	3 mètres de soie à.....	6	50	19	50
id.	13 mètres toile de coton à	1	20	15	60
id.	35 mètres toile à draps de lit à................	3	25	113	75
id.	3 mètres 25 de drap noir à	12	50	40	62
id.	7 mètres 25 de velours à.	11	15	30	83
id.	6 mètres de drap imper-méable à...........	8	40	50	40
	TOTAL............			320	70

561. Ce cultivateur a employé $3,40 \times 42,21 = 143$ lit. 514 millit. de semence.

CHAPITRE XII

Division des nombres décimaux.

562. 5,469 ; 25,556 ; 6,05.

563. 17,069 ; 1,863 ; 4,538.

564. 3,225 ; 2,4196 ; 14,5329.

565. 1,84266 ; 3,85015 ; 1,012.

566. 18,18 ; 22,206 ; 3,48258.

567. 105,742 ; 8,42 ; 15,3582 ; 50,3566.

568. 1,3348 ; 14,796 ; 8,2007 ; 3,1919.

569. 0,195 ; 0,122 ; 0,6755 ; 0,063.

570. 0,1693 ; 0,3936 ; 0,860.

571. 0,8079 ; 0,1702 ; 0,8581.

572. 0,141 ; 0,218 ; 0,1997 ; 0,112.

573. 0,2911 ; 0,583 ; 0,1314 ; 0,4708.

574. 0,293 ; 0,789 ; 0,0949 ; 0,0751 ; 0,2178.

575. 10,529 ; 18,337 ; 46,464.

576. 31,068 ; 22,614 ; 3,703 ;

577. 168,902 ; 136,533 ; 0,736.

578. 0,0047 ; 8,255 ; 0,153.

579. 0,188 ; 0,047 ; 68,593.

580. 0,0903 ; 0,0195 ; 43,045 ; 667,475 ; 10214,603.

581. 59,71 ; 5,09 ; 50,93 ; 56,67 ; 6,42.

582. 157,26 ; 659,57 ; 55,81 ; 116,26.

583. 80,97 ; 3,16 ; 19,17 ; 380,05.

584. 20,46 ; 5,72 ; 2,39 ; 3,05.

585. 13,02 ; 12,89 ; 14,68.

586. 14,56 ; 32,14 ; 181,18.

587. 1,78 ; 120,93 ; 1104,35.

588. 0,679 ; 8,68.

589. Un kilogr. de viande coûte 25,60 : 15. = 1 fr. 70 cent.

590. Ce pépiniériste a vendu chaque plant 65,30 : 73 = 0 fr. 89 cent.

591. Le double-décalitre de lentilles est revenu à 64,60 : 6 = 9 fr. 10 cent.

592. J'ai payé chaque plant de fraisier 3,75 : 213 = 0 fr. 017 millimes.

593. Un œuf coûte 0,75 : 12 = 0 fr. 0625 dix-millimes.

594. Cet ouvrier gagne par jour 25,70 : 6 = 4 fr. 28 cent.

595. Il faut 228 : 0,65 = 350 bouteilles environ.

596. Ce sabotier a vendu chaque paire de sabots 48,50 : 60 = 0 fr. 808 millimes.

597. Il a vendu chaque décistère 72,25 : 14 = 5 fr. 16 cent.

598. Chaque paire d'attelles lui coûte 180,40 : 86 = 2 fr. 09 cent.

599. Un mètre coûtant 12,75 : 45,6 = 0 fr. 279 millimes, la planche de 2 mètres revient à 0,279 × 2 = 0 fr. 558 millimes.

600. Cette ouvrière reçoit par chemise 21,60 : 12 = 1 fr. 80 cent.

601. On peut avoir 614 : 13,50 = 45 mètres cubes 481 décimètres cubes de pierre.

602. Le mètre coûte 3,75 : 0,42 = 8 fr. 92 cent.

603. Le litre coûte 0,45 : 0,13 = 3 fr. 461 millimes.

Problèmes de récapitulation sur les nombres décimaux.

604. Le montant de l'achat était de 34,50 × 42 = 1449 fr; le montant de la vente était de (34,50 + 2,30) × 42 = 1545 fr. 60 cent. On a gagné en tout 2,30 × 42 = 96 fr. 60 cent.

605. On a fait sur chaque mètre un bénéfice de (660,45 — 635,90) : 102 = 0 fr. 24 cent.

606. Ce négociant a gagné (38 × 24) — 750 = 162 fr.

607. J'ai déboursé $65 \times 18 \times 1,05 = 1228$ fr. 50 cent.; comme je n'ai à vendre que $(18 - 3) \times 65 = 975$ kilogr. de confitures, je dois vendre le kilog. de ces confitures $1228,50 : 975 = 1$ fr. 26 cent.

608. Les 120 boîtes ayant coûté $2,40 \times 120 = 288$ fr., le négociant doit vendre chacune des boîtes qui lui restent $(288 + 50) : (120 - 6) = 2$ fr. 96 cent.

609. Un double-décalitre de seigle vaut $(9,5 \times 4,30) : 14 = 2$ fr. 91 cent.

610. La récolte pesait $9,3 \times 415 = 3859$ kilogr. 5; le cultivateur a reçu $(3859,5 \times 13,75) : 75 = 707$ fr. 57 cent.

611. 1 kilogr. de viande provient de $100 : 45 = 2$ kilogr. 222 gr. de poids vif; pour avoir 390 kilogr. de viande, il faudrait abattre $2,222 \times 390 = 866$ kilogr. 580 gr. de bétail vivant.

612. Il faut $(100 : 11) \times 75 = 681$ lit. 81 centil. de lait.

613. Il faut $(100 : 5) \times 134 = 2680$ lit. de lait.

614. Le prix du lait serait $2680 \times 0,15 = 402$ fr.; le beurre et le fromage vaudraient $(2,30 \times 134) + (0,40 \times 134) = 361$ fr. 80 cent. Il y aurait plus d'avantage à vendre le lait.

615. Cette vache produit $17 \times 4 \times 30 = 2040$ lit. de lait, qui vaut $2040 \times 0,15 = 306$ fr.; elle procure un bénéfice de $306 - (120 \times 0,90) = 198$ fr.

616. Ce fermier devra élever $1450 : (2,70 \times 2,85) = 188$ moutons environ.

617. La dépense en briques sera de $38 \times 6,50 \times$

0,042 = 10 fr. 37 cent.; en mortier, de 6,50 × 2 =
13 fr.; en travail, de 6,50 × 0,50 = 3 fr. 25 cent.;
ce mur coûtera 10,37 + 13 + 3,25 = 26 fr. 62 cent.

618. Le litre de vin pur revient à 115 : 220 =
0 fr. 522 millimes; le litre de mélange, à 115 : (220
+ 30) = 0 fr. 46 cent.

619. On en retirera 32 × 52 = 1664 lit., dont la
valeur sera de 1664 × 1,40 = 2329 fr. 60 cent.

620. On a reçu 13000 × 0,07 = 910 fr.

621. On en retirera 75 × 8 × 0,73 = 438 kilogr.
de farine.

CHAPITRE XIII

Système métrique.

§ II. — Longueurs.

622. 3 m. 5 ; 6 m. 80 ; 48 m. 37 ; 297 m. 30.

623. 715 m. 212 ; 95 m. 053 ; 5600 m. 72.

624. 7 m. 20 ; 2 m. 416 ; 0 m. 8 ; 0 m. 30 ; 2640 m. 077.

625. 300 m. 05 ; 206 m. 014 ; 6500 m. 43 ; 1049 m. 017.

626. 0 m. 066 ; 0 m. 209 ; 3 m. 12 ; 0 m. 005 ; 129 m. 010.

627. 22 m. 007 ; 0 m. 315 ; 33 m. 09 ; 0 m. 08.

628. 1 m. 500 ; 0 m. 14 ; 218 m. ; 0 m. 43.

629. 70 m. ; 800 m. ; 430 m. ; 9010 m.

630. 400 m. ; 2700 m. ; 91500 m. ; 600 m.

631. 32000 m. ; 8000 m. ; 374000 m.

632. 7230000 m.; 90000 m.; 4120000 m.; 30000 m.; 910000 m.

633. 20 m.; 270 m.; 3400 m.; 618000 m.; 9500000 m.

634. Il faut cent mètres pour faire un hectomètre, et dix mètres pour faire un décamètre.

635. Il faut cent décamètres pour faire un kilomètre, et mille décamètres pour faire un myriamètre.

636. Il y a dix décimètres dans un mètre; cent décimètres dans un décamètre; dix mille décimètres dans un kilomètre.

637. Le mètre est la dixième partie du décamètre; la dix-millième partie du myriamètre.

638. Il faut cent décimètres pour faire un décamètre; mille décimètres pour faire un hectomètre.

639. Le centimètre est la dixième partie du décimètre; la centième partie du mètre; la millième partie du décamètre; la millionième partie du myriamètre.

640. 6 m.; 12 m.; 8 m.; 8 m.

641. 40 m.; 100 m.; 40 m.; 32 m.

642. Vingt-huit mètres six décimètres; trois mètres neuf décimètres; vingt et un mètres seize centimètres; huit mètres quarante-deux centimètres; quatre mètres cinquante-six centimètres.

643. Sept mètres quarante et un centimètres; quatre-vingt-seize mètres cinquante-deux centimètres; cent trente-huit mètres cinquante-trois centimètres; soixante-quinze mètres dix-huit centimètres.

644. Soixante-trois mètres quatre centimètres; six mille cent quarante-cinq mètres trois centimètres; sept cent vingt-six mètres deux cent vingt-huit millimètres; mille quatre cent treize mètres deux cent quatre-vingt-dix millimètres.

645. Deux cent soixante-dix-huit mètres cinq centimètres; quatre cent dix-neuf mètres huit millimètres; mille neuf cent soixante-quinze mètres quarante-deux centimètres; six mètres neuf cent quinze millimètres.

646. Quarante-huit mètres cinq cent soixante-douze millimètres; quatre-vingt-douze mètres six cent quarante millimètres; trois mille six cent soixante-quinze mètres vingt-cinq millimètres; quarante-deux mètres quatre centimètres.

647. 1re *Question.* — 927 décam. 54; 375 décam. 202; 1780 décam. 3475; 374 décam. 2219.

2e *Question.* — 92 hectom. 754; 37 hectom. 5202; 178 hectom. 03475; 37 hectom. 42219.

3e *Question.* — 9 kilom. 2754; 3 kilom. 75202; 17 kilom. 803475; 3 kilom. 742219.

648. 1re *Question.* — 370 décam. 3251; 603 décam. 1413; 3750 décam. 508.

2e *Question.* — 37 hectom. 03251; 60 hectom. 31413; 375 hectom. 0508.

3e *Question.* — 3 kilom. 703251; 6 kilom. 031413; 7 kilom. 50508.

649. *1re Question.* — 20 décam. 543; 75 décam. 1215; 67 décam. 303; 0 décam. 825.

2e Question. — 2 hectom. 0543; 7 hectom. 51215; 6 hectom. 7303; 0 hectom. 0825.

3e Question. — 0 kilom. 20543; 0 kilom. 751215; 0 kilom. 67303; 0 kilom. 00825.

650. *1re Question.* — 37 décam. 3906; 85 décam. 436; 51 décam. 7819; 0 décam. 36.

2e Question. — 3 hectom. 73906; 8 hectom. 5436; 5 hectom. 17819; 0 hectom. 036.

3e Question. — 0 kilom. 373906; 0 kilom. 85436; 0 kilom. 517819; 0 kilom. 0036.

651. *1re Question.* — 7 décam. 584; 3 décam. 8290; 0 décam. 5926; 7 décam. 321.

2e Question. — 0 hectom. 7584; 0 hectom. 38290; 0 hectom. 05926; 0 hectom. 7321.

3e Question. — 0 kilom. 07584; 0 kilom. 038290; 0 kilom. 005926; 0 kilom. 07321.

652. *1re Question.* — 8 décam. 9373; 8 décam. 906; 41 décam. 8930; 2 décam. 806.

2e Question. — 0 hectom. 89373; 0 hectom. 8906; 4 hectom. 18930; 0 hectom. 2806.

3e Question. — 0 kilom. 089373; 0 kilom. 08906; 0 kilom. 418930; 0 kilom. 02806.

653. On devra employer 6,25 $+$ 4,48 $+$ 4,60 $+$ 6,90 $=$ 22 mèt. 23 centim. de cymaises.

654. Il lui reste à labourer 45,68 $-$ (68 $\times$ 0,32) $=$ 23 mèt. 92 centim.

655. Il faudra à cette compagnie d'ouvriers 1458,45 : 17 = 85 heures 79 centièmes d'heure.

656. Il reste dans cette pièce de drap 47,60 — (3,80 + 1,30 + 0,45) = 42 mèt. 05 centim.

657. Le décim. vaut 3,60 : 10 = 0 fr. 36 cent.; le décam., 3,60 × 10 = 36 fr.

658. 6 mètres 20 valent 9,25 × 6,20 = 57 fr. 35 cent.

659. On doit payer 26 × 0,06 = 1 fr. 56 cent.

660. 10 mètres valent 2,40 × 10 = 24 fr.; 1 décim. vaut 0 fr. 24 cent.

661. Par chemise, il faut 20,30 : 6 = 3 m. 38 centim. de calicot.

662. Le tarif par kilom. est 30 : 443 = 0 fr. 06772 cent-millimes environ.

663. Le pourtour de l'enclos étant de [(27,60 + 42,25) × 2] — (0,22 × 2) = 138 mèt. 82 centim., on dépensera 3,75 × 138,82 = 520 fr. 575 millimes.

664. La hauteur de cet arbre est de (2 : 1,80) × 15,70 = 17 mèt. 44 centim.

665. La circonférence de ce bassin est de 4,75 × 3,1416 = 14 mèt. 922 millim.

666. Le diamètre de cet arbre est de 2,30 : 3,1416 = 0 mèt. 732 millim.

§ III. — Poids.

667. Un double-gramme; un demi-décagramme; un décagramme; un double-hectogramme.

668. Un demi-décagramme et un gramme; un demi-décagramme et un double-gramme; un demi--décagramme, un double-gramme et un gramme; un demi-décagramme ét deux doubles-grammes.

669. Un décagramme et un double-gramme; un décagramme et un demi-décagramme; un décagramme, un demi-décagramme et un double-gramme; un décagramme, un demi-décagramme et deux doubles-grammes.

670. Un double-décagramme et un double-gramme; un double décagramme, un décagramme, un demi-décagramme et un gramme; un double-décagramme, deux décagrammes, un demi-décagramme, un double-gramme et un gramme.

671. Un demi-hectogramme et un demi-décagramme; un demi-hectogramme, un décagramme et un double-gramme; un demi-hectogramme, un double-décagramme et deux décagrammes; un demi-hectogramme, un double-décagramme, deux décagrammes, un demi-décagramme et deux doubles-grammes.

672. Un double-hectogramme; un double-hectogramme, un hectogramme, un double-décagramme, un double-gramme et un gramme; un demi-kilogramme, un double-hectogramme et un hectogramme; un demi-décagramme et un gramme; un demi-kilogramme.

673. Un poids de dix kilogrammes et un poids de cinq kilogrammes; un double-hectogramme, un hectogramme, un double-décagramme, deux décagrammes et un double-gramme; un poids de vingt kilogrammes, deux poids de dix kilogrammes, un poids de cinq kilogrammes et un poids d'un kilogramme; un demi-hectogramme et un décagramme.

674. Un double-décigramme; un double-décigramme et un demi-décigramme; un décigramme, un demi-décigramme et un centigramme; un demi-centigramme, un double-milligramme et un milligramme; un demi-centigramme et deux doubles-milligrammes.

675. 5 gr. 2; 8 gr. 7; 14 gr. 6; 42 gr. 9.

676. 12 gr. 15; 36 gr. 03; 14 gr. 05.

677. 927 gr. 517; 3 gr. 032; 37 gr. 007.

678. 350 gr. 009; 8 gr. 600; 29 gr. 40.

679. 71 gr. 9; 18 gr. 03; 50 gr. 009.

680. 0 gr. 4; 0 gr. 7; 0 gr. 8; 0 gr. 9; 1 gr. 6.

681. 0 gr. 19; 0 gr. 48; 0 gr. 39; 0 gr. 05.

682. 0 gr. 712; 0 gr. 056; 3000 gr. 215.

683. 40 gr.; 50 gr.; 80 gr.; 970 gr.

684. 200 gr.; 800 gr.; 600 gr.; 1500 gr.

685. 8000 gr.; 19000 gr.; 48000 gr. 50000 gr.

686. 60000 gr.; 40000 gr.; 930 gr.; 10000 gr.; 300 gr.; 50 gr.

687. 4 gr.; 1 gr. 4; 1800 gr.

688. 34 gr.; 0 gr. 28; 45 gr.; 1500 gr.

689. Le gramme est la centième partie de l'hectogramme; la dixième partie du décagramme.

4

691. Le décigramme est la dixième partie du gramme, la centième partie du décagramme, la millième partie du kilogramme.

692. Le double-gramme est la cinquième partie du décagramme, la cinquantième partie du [...] gramme, la cinq-centième partie du [...] gramme.

693. [...] cinquante-deux [...] gramme, deux mille pour faire un double-gramme.

694. Quatre grammes trois décigrammes [...] grammes neuf décigrammes [...] décigrammes, soixante-trois grammes [...] grammes, soixante-douze grammes [...] tigrammes.

695. Vingt-cinq grammes trente-quatre centigrammes [...] soixante-dix grammes cinquante [...] grammes soixante-quinze grammes vingt [...] trente-six [...] mille trente centigrammes.

696. Neuf cent vingt-sept grammes quarante [...] centigrammes; sept cent cinquante-trois grammes cinq centigrammes; huit cent soixante-[...] grammes cent grammes; quatre-vingt-dix [...]

697. Trois [...] grammes quatre cent cinquante [...]

grammes; huit grammes quatre cent quatre-vingt-quinze milligrammes; soixante-douze grammes neuf cent cinq milligrammes; quarante-cinq grammes six cent huit milligrammes.

698. Deux cent quinze grammes quarante-sept centigrammes; six cent dix-huit grammes cinquante-six centigrammes; quatre-vingt-treize grammes quarante et un milligrammes; six grammes vingt-sept milligrammes.

699. Cinq grammes huit milligrammes; quarante-huit grammes sept milligrammes; dix-neuf grammes cinquante-six milligrammes; mille sept cent douze grammes quatre cent vingt-trois milligrammes.

700. Trois décigrammes; huit décigrammes; vingt-sept centigrammes; quarante-neuf centigrammes; deux grammes cinq décigrammes.

701. Sept cents grammes cinq centigrammes; six cent trente-neuf milligrammes; cinquante-sept milligrammes; quatre milligrammes.

702. 1re *Question.* — 384 décagr. 3915; 121 décagr. 845; 906 décagr. 543.

2e *Question.* — 36 hectogr. 13915; 12 hectogr. 1845; 90 hectogr. 6543.

3e *Question.* — 3 kilogr. 613915; 1 kilogr. 21845; 9 kilogr. 06543.

703. 1re *Question.* — 437 décagr. 59; 6708 décagr. 1918; 206 décagr. 751.

2e *Question.* — 43 hectogr. 759; 670 hectogr. 8918; 20 hectogr. 6751.

3e *Question.* — 4 kilogr. 3759 ; 67 kilogr. 08918 ; 2 kilogr. 06751.

704. 1ʳᵉ *Question.* — 61 décagr. 227 ; 40 décagr. 862 ; 92 décagr. 1058 ; 43 décagr. 726.

2e *Question.* — 6 hectogr. 1227 ; 4 hectogr. 0862 ; 9 hectogr. 21058 ; 4 hectogr. 3726.

3e *Question.* — 0 kilogr. 61227 ; 0 kilogr. 40862 ; 0 kilogr. 921058 ; 0 kilogr. 43726.

705. 1ʳᵉ *Question.* — 3 décagr. 7419 ; 5 décagr. 0956 ; 341 décagr. 038 ; 64 décagr. 3128.

2e *Question.* — 0 hectogr. 37419 ; 0 hectogr. 50956 ; 34 hectogr. 1038 ; 6 hectogr. 43128.

3e *Question.* — 0 kilogr. 037419 ; 0 kilogr. 050956 ; 3 kilogr. 41038 ; 0 kilogr. 643128.

706. 1ʳᵉ *Question.* — 215 décagr. 4903 ; 670 décagr. 322 ; 71 décagr. 9 ; 4 décagr. 5 ; 0 décagr. 7.

2e *Question.* — 21 hectogr. 54903 ; 67 hectogr. 0322 ; 7 hectogr. 19 ; 0 hectogr. 45 ; 0 hectogr. 07.

3e *Question.* — 2 kilogr. 154903 ; 6 kilogr. 70322 ; 0 kilogr. 719 ; 0 kilogr. 045 ; 0 kilogr. 007.

707. Le décagramme vaut 3,25 × 10 = 32 fr. 50 cent. ; l'hectogramme, 3,25 × 100 = 325 fr.

708. 5 kilogr. 250 de bœuf coûteront 1,75 × 5,250 = 9 fr. 18 cent.

709. On doit payer 0,38 × 57,450 = 21 fr. 83 cent.

710. On en aura 18,40 : 0,37 = 49 kilogr. 729 gr.

711. On en récoltera 430 × 15,27 = 6566 kilogr. 1 hectogr.

712. On doit payer $1,80 \times 4,750 = 8$ fr. 55 cent.

713. Ce champ a produit par are $17000 : 51,36 = 331$ kilogr. 996 gr. de navets.

714. On doit payer $31,70 \times 7,5 = 237$ fr. 75 cent.

715. 7950 kilogr. de feuilles de carottes valent $(2 : 8) \times 7950 = 1987$ kilogr. 5 hectogr. de foin sec.

716. Le sucre vaut $1,85 \times 4,500 = 8$ fr. 325 millimes; les œufs valent $0,85 \times 7,5 = 6$ fr. 375 millimes; l'épicier a gagné $8,325 - 6,375 = 1$ fr. 95 cent.

717. Il faudra $(100 : 6,3) \times 1800 = 28571$ kilogr. 428 gr. de betteraves.

718. Pour obtenir 45000 kilogr. de sucre, il faut $(100 : 6,3) \times 45000 = 714285$ kilogr. de betteraves. La surface du terrain à ensemencer sera de $714285 : 42000 = 17$ hectares environ.

719.

Bœuf :	20, 450 $\times$ 1,75	=	35 fr. 787.
Veau :	14, 777 $\times$ 1,90	=	28 fr. 076.
Mouton :	14, 825 $\times$ 2,10	=	31 fr. 132.
	Total...		94 fr. 995.

4.

720.   Facture d'un négociant.

FABRIQUE DE CORDAGES, FICELLES ET FILASSES.

Rothier frères, à Troyes.

Doit M. Bertin les articles qui suivent :

Troyes, *le 6 janvier* 1874.

DATES	KIL.	GR.		FR.	C.	FR.	C.
Février 3	135	»	45 douzaines de longes de 2 m.	1	40	189	»
id. 4	48	500	Ficelle, deux fils, lisse............	2	60	126	10
» »	63	800	id. d'emballage, trois fils.	1	80	114	84
Mars 18	30	»	Ficelle à fouet, par paquets de 500 grammes.............	3	40	102	»
id. 20	2	400	Bolduc rose.................	9	50	22	80
» »	15	780	Cordeau à linge, soie végétale.	2	10	33	138
Avril 6	200	»	Câble goudronné pour marine, 0,08 cent. diamètre, à......	1	20	240	»
			TOTAL............			827	878

§ IV. Capacités.

721. Un double-litre et un litre ; un demi-décalitre ; un demi-décalitre et un litre ; un demi-décalitre et un double-litre.

722. Un double-décalitre et un double-litre ; un décalitre et un demi-décalitre ; un décalitre, un demi-décalitre et deux doubles-litres.

723. Un double-décalitre, un décalitre, un double-litre et un litre ; deux doubles-décalitres et un double-litre ; un double-décalitre et un litre.

724. Un demi-hectolitre, un demi-décalitre et un double-litre; un demi-hectolitre, un double-décalitre et un décalitre; un demi-hectolitre, un décalitre et deux doubles-litres.

725. Quatre hectolitres et un demi-hectolitre; deux hectolitres, un double-décalitre, un demi-décalitre et un litre; neuf hectolitres.

726. Un double-litre, un litre et un double-décilitre; deux doubles-litres, un double-décilitre et un demi-décilitre; un double-décilitre, un demi-décilitre et un centilitre.

727. Un demi-décalitre, deux doubles-litres, un double-décilitre et un décilitre; deux doubles-centilitres; un demi-litre et un décilitre.

728. 18 lit. 4; 29 lit. 13; 4 lit. 2; 23 lit. 6.

729. 39 lit. 4; 5 lit. 49; 8 lit. 03; 14 lit. 08.

730. 72 lit. 31; 57 lit. 22; 12 lit. 09.

731. 180 lit. 60; 269 lit. 36; 2000 lit. 4.

732. 904 lit. 50; 700 lit. 3; 20 lit. 07.

733. 8 lit. 437; 90 lit. 52.

734. 601 lit. 04; 875 lit. 6.

735. 0 lit. 8; 0 lit. 32; 4 lit. 619.

736. 0 lit. 043; 0 lit. 006; 0 lit. 2; 0 lit. 05.

737. 1600 lit. 637; 6347 lit. 902.

738. 30 lit.; 60 lit; 150 lit.; 2700 lit.

739. 420 lit.; 300 lit.; 500 lit.; 1700 lit.

740. 900 lit.; 1600 lit.; 420 lit.; 10 lit.

741. 6000 lit.; 3000 lit.; 17000 lit.; 400 lit.

742. 20000 lit.; 1500 lit.; 180000 lit.; 600000 lit.

743. 2 lit. 4; 1 lit. 93; 3 lit. 659.

744. 10 lit.; 40 lit.; 20 lit.; 35 lit.

745. 12 lit.; 7 lit. 5; 1 lit. 4; 0 lit. 08; 3200 lit.

746. Huit litres sept décilitres; neuf litres deux décilitres; dix litres huit décilitres; trente-quatre litres sept décilitres; soixante-neuf litres sept décilitres; quarante-cinq litres quinze centilitres.

747. Quatre cent dix-huit litres deux décilitres; soixante-douze litres cinquante et un centilitres; cent soixante-treize litres cinq centilitres; deux cent quinze litres soixante-quatorze centilitres; huit litres vingt-trois centilitres.

748. Soixante-sept litres vingt-neuf centilitres; quarante-huit litres cinquante-quatre centilitres; cinq cent quarante-trois litres neuf centilitres; soixante-huit litres sept centilitres; neuf litres trois cent quarante millilitres.

749. Quatre cent quinze litres vingt-sept centilitres; six cent soixante-dix litres neuf cent vingt-huit millilitres; cinquante-six litres quatre cent dix-sept millilitres; cent cinquante-huit litres cinq cent quarante-neuf millilitres.

750. Cinq litres trente-six millilitres; huit litres quarante-neuf millilitres; quatre-vingt-quinze litres quatre centilitres; six mille trois cent soixante-quinze litres huit millilitres.

751. Trois décilitres; sept décilitres; cinq décilitres; huit décilitres; vingt-six centilitres; trois cent soixante-quinze millilitres.

752. Trente-quatre centilitres; soixante-quinze centilitres; six cent trente-sept millilitres; neuf cent cinquante et un millilitres; six litres quarante-huit centilitres.

753. Trois centilitres; cinq millilitres; sept millilitres; quatre cent cinq millilitres; six cent quatre-vingts millilitres.

754. 1re *Question*. — 63 décalit. 6; 86 décalit. 9; 141 décal. 8; 2380 décalit. 6; 370792 décalit. 6.

2e *Question*. — 6 hectolit. 36; 8 hectolit. 69; 14 hectolit. 18; 238 hectolit. 06; 37079 hectolit. 26.

3e *Question*. — 0 kilolit. 636; 0 kilolit. 869; 1 kilolit. 418; 23 kilolit. 806; 3707 kilolit. 926.

755. 1re *Question*. — 123 décalit. 4; 456 décalit. 8; 26 décalit. 9; 171 décalit. 6; 4040 décalit. 3.

2e *Question*. — 12 hectolit. 34; 45 hectolit. 68; 2 hectolit. 69; 17 hectolit. 16; 404 hectolit. 03.

3e *Question*. — 1 kilolit. 234; 4 kilolit 568; 0 kilolit. 269; 1 kilolit. 716; 40 kilolit. 403.

756. 1re *Question*. — 136 décalit. 54; 22 décalit. 852; 36 décalit. 807; 52 décalit. 336.

2e *Question*. — 13 hectolit. 654; 2 hectolit. 2852; 3 hectolit. 6807: 5 hectolit. 2336.

3e *Question*. — 1 kilolit. 3654; 0 kilolit. 22852; 0 kilolit. 36807; 0 kilolit. 52336.

757. *1re Question.* — 90 décalit. 303; 76 décalit. 209; 41 décalit. 2637; 9 décalit. 5449.

2e Question. — 9 hectolit. 0303; 7 hectolit. 6209; 4 hectolit. 12637; 0 hectolit. 95449.

3e Question. — 0 kilolit. 90303; 0 kilolit. 76209; 0 kilolit. 412637; 0 kilolit. 095449.

758. *1re Question.* — 39 décalit. 3275; 6 décalit. 5607; 398 décalit. 8003; 7 décalit. 641.

2e Question. — 3 hectolit. 93275; 0 hectolit. 65607; 39 hectolit. 88003; 0 hectolit. 7641.

3e Question. — 0 kilolit. 393275; 0 kilolit. 065607; 3 kilolit. 988003; 0 kilolit. 07641.

759. Quatre centilitres; sept décilitres; huit centilitres; quatre-vingt-dix-sept centilitres; soixante-quinze centilitres; huit millilitres.

760. Quatorze centilitres; vingt-sept centilitres deux millilitres; soixante-cinq centilitres deux millilitres; un litre trente-cinq centilitres sept millilitres; trente-huit millilitres.

761. Six centilitres; soixante-douze centilitres; quatre litres et demi; dix-neuf centilitres.

762. Un litre huit décilitres; quatre litres neuf décilitres; dix-sept litres et demi; trois litres huit décilitres.

763. Cinq litres; vingt-six litres; cent trente-quatre litres; quatre-vingts litres.

764. Quatre-vingt-dix litres; six cent trente litres; quatre kilolitres sept hectolitres.

765. Ce marchand a reçu $125 \times 5 = 625$ litres de graine.

766. Il reste $228 - 32,54 = 195$ lit. 46 centilit. de vin.

767. Le décalitre revient à $0,45 \times 10 = 4$ fr. 50 cent.; le double-décalitre, à $4,50 \times 2 = 9$ fr.; l'hectolitre, à $0,45 \times 100 = 45$ fr.

768. La différence pour un litre étant de $1,70 - 1,30 = 0$ fr. 40 cent., pour 253 lit. elle est de $0,40 \times 253 = 101$ fr. 20 cent.

769. Le litre du mélange revient à $(58,7 \times 0,60) : (58,7 + 8,35) = 0$ fr. 525 millimes.

770. La contenance de ce fût est de $9,5 \times 27 = 256$ lit. 5 décilit.

771. Cette ménagère vend le litre de haricots $(7,250 \times 1,60) : 38 = 0$ fr. 305 millimes.

772. On doit payer $3,60 \times 15 \times 7,50 = 405$ fr.

773. 8 hectolitres font 40 doubles-décalitres; je dois donc $2,36 \times 40 = 94$ fr. 40 cent.

774. Il faudra $3,25 : 0,025 = 130$ flacons.

775. Il faudra $272 : 0,65 = 418$ bouteilles de 0 lit. 65 centil. et une de 0 lit. 30 centil.

776. La capacité de ce vase est de $2,750 - 1,679 = 1$ lit. 071 millilit.

777. A 45 fr. 25 le quintal, l'hectolitre coûterait $78,5 \times 0,4525 = 94$ fr. 61 cent.; il est donc préférable d'acheter ce blé à la mesure.

778. **Facture d'un liquoriste.**

Doit M. Royer, propriétaire à Toulon, les articles suivants :

MOIS	DATES	DÉTAIL.	Fr.	C.	Fr.	C.
1873 Novembre	5	1 baril d'eau-de-vie de Cognac de 42 litres à................	1	40	58	80
»	»	1 panier de 25 bouteilles de champagne,..................	3	20	80	»
»	»	4 litres de sirop de groseilles......	3	10	12	40
»	»	8 litres de vermouth...............	1	25	10	»
»	»	15 litres de malaga extra..........	5	50	82	50
»	»	20 litres de madère ordinaire......	3	75	75	»
		Reçu à-compte 100 fr.				
		TOTAL..................			318	70

Il reste dû 318,70 — 100 = 218 fr. 70 cent.

§ V. — Monnaies.

779. 27 fr.; 60 fr.; 39 fr.; 798 fr.

780. 13 fr. 18; 6 fr. 75; 12 fr. 05; 40 fr. 06.

781. 49 fr. 60; 20 fr. 07; 700 fr. 15; 300 fr. 05.

782. 1200 fr. 20; 1400 fr. 70; 900 fr. 37; 0 fr. 04.

783. 0 fr. 50; 0 fr. 15; 0 fr. 80; 0 fr. 09.

784. Cinquante-neuf francs vingt-cinq centimes; trente-huit francs quarante-cinq centimes; vingt-neuf francs soixante-douze centimes; trente-six francs quatre-vingt-quinze centimes.

785. Six francs trente centimes; sept francs vingt-huit centimes; deux cent quinze francs soixante centimes; cent cinquante-sept francs trente-deux centimes.

786. Dix-huit francs soixante-dix centimes; quatre cent quinze francs trente-cinq centimes; sept cent douze francs vingt-cinq centimes; six francs soixante-quinze centimes.

787. Neuf francs sept centimes; quatre francs quatre-vingt-deux centimes; sept francs cinq centimes; dix-neuf francs cinquante-quatre centimes.

788. Quatre cent quinze francs trente-deux centimes; soixante-douze francs quarante-cinq centimes; six mille neuf cent soixante-treize francs vingt centimes; cinq mille quatre cent trente francs cinq centimes.

789. Deux pièces de deux francs, une pièce de vingt centimes et une de dix centimes; une pièce de cinq francs, une pièce de cinquante centimes et une pièce de dix centimes; une pièce de cinq francs, deux de deux francs, une de vingt centimes et une de cinq centimes; une pièce de cinq francs, une de un franc, deux de vingt centimes, une de deux centimes et une de un centime; une pièce de dix francs, une de cinq francs, une de deux francs, deux de vingt centimes et une de cinq centimes.

790. Une pièce de dix francs, une de cinq francs, une de cinquante centimes et une de dix centimes, une pièce de dix francs, une de deux francs, une de vingt centimes, une de dix centimes et une de cinq centimes; un billet de cinquante francs, une pièce de dix francs, deux de vingt centimes, une de cinq centimes, une de deux centimes et une de un centime; un billet de cinquante francs, un de vingt francs, une pièce de cinq francs et une de dix centimes.

791. Une pièce de cinq francs, une de un franc et une de cinq centimes; une pièce de dix francs, une de cinq francs, une de deux francs, une de un franc, une de deux centimes et une de un centime; deux billets de vingt francs, une pièce de cinq francs, deux de deux francs, une de cinquante centimes, une de vingt centimes et une de cinq; un billet de cent francs et deux pièces de vingt centimes.

792. Un billet de deux cents francs et une pièce de vingt centimes: un billet de deux cents francs, un de cent francs, deux de vingt francs, une pièce de dix centimes, une de deux centimes et une de un centime; un billet de cinq cents francs, deux de deux cents, un de cinquante, une pièce de vingt centimes et une de cinq; un billet de deux cents francs, un de cinquante francs, un de vingt francs, une pièce de cinq francs, deux de vingt centimes, une de cinq centimes, une de deux centimes et une de un centime.

793. Un billet de cinq cents francs, un de cent francs, un de cinquante francs, un de vingt francs, une pièce de dix francs, une de cinquante centimes et une de vingt centimes; un billet de cinq cents francs, un de deux cents francs, une pièce de dix francs, une de cinq francs, deux de deux francs, une

de cinquante centimes, deux de vingt centimes et une de cinq centimes ; deux billets de mille francs, deux de deux cents francs, un de vingt francs, une pièce de dix francs, une de cinq francs, deux de vingt centimes, une de cinq centimes et une de un centime ; un billet de mille francs, un de cinq cents francs, un de deux cents francs, un de cinquante francs, un de vingt francs, une pièce de dix francs, une de cinq et deux de deux francs.

794. Ce marchand a reçu $(14,50 \times 30) + (1,70 \times 50) + (4,75 \times 6) + (0,85 \times 8) = 555$ fr. 30 cent.

795. On a payé $3,25 \times 15 = 48$ fr. 75 cent.

796. On doit payer $0,75 \times 415 = 311$ fr. 25 cent.

797. On aura $60 : 2,57 = 23$ kilogr. 346 gr. de bougie.

798. On doit payer $0,86 \times 135 = 116$ fr. 10 cent.

799. Le kilog. revient à $15,80 : 6,730 = 2$ fr. 347 millimes.

800. Le kilog. revient à $5,70 : 4 = 1$ fr. 425 millimes.

801. L'épicier recevra $1,75 \times (8,900 - 0,450) = 14$ fr. 787 millimes.

802. Cet ouvrier a gagné $3,50 \times 300 = 1050$ fr. ; il a dépensé $1050 - 150 = 900$ fr. ; sa dépense moyenne par jour a été de $900 : 365 = 2$ fr. 465 millimes.

803. Il faudrait $4500 : 5 = 900$ fr. d'argent monnayé.

804. Le poids de l'or pur contenu dans une pièce

de 20 francs est de $6{,}4516 \times 0{,}900 = 5$ gr. 806 milligr.

805. Dans 15 francs en argent, au titre de 0,900, il y a $15 \times 5 = 75$ gr. d'alliage, soit $75 \times 0{,}900 = 67$ gr. 500 milligr. d'argent pur.

806. Le poids demandé serait $75 \times 0{,}835 = 62$ gr. 625 milligr.

§ VI. — Surfaces.

807. 56 m. car. ; 309 m. car. ; 827 m. car.

808. 60 m. car. 15 ; 7 m. car. 13 ; 39 m. car. 59.

809. 9. m. car. 08 ; 16 m. car. 04 ; 30 m. car. 07.

810. 0 m. car. 42 ; 0 m. car. 5623 ; 926 m. car. 7138.

811. 72 m. car. 0015 ; 40 m. car. 0936 ; 8 m. car. 0073.

812. 4 m. car. 0543 ; 16 m. car.; 0008 14 m. car. 0026.

813. 0 m. car. 37 ; 0 m. car. 84 ; 0 m. car. 47 ; 0 m. car. 0125.

814. 0 m. car. 0036 ; 0 m. car. 0069 ; 0 m. car. 0059 ; 0 m. car. 0008 ; 0 m. car. 0050.

815. 9 m. car. 637024 ; 0 m. car. 000014 ; 0 m. car. 000036 ; 9 m. car. 000005.

816. 1700 m. car. ; 6800 m. car. ; 3600 m. car.; 1900 m. car.

817. 60000 m. car. ; 300000 m. car. ; 150000 m. car.; 280000 m. car.

818. 3000000, m. car. ; 60000000 m. car. ; 29000000 m. car. ; 54000000 m. car.

819. 200000000 m. car. ; 600000000 m. car. ; 900000000 m. car. ; 1300000000 m. car.

820. 6000000 m. car. ; 90000 m. car. ; 1500 m. car. ; 9000000 m. car.

821. 470000 m. car ; 2500 m. car. ; 3500000000 m. car.

822. 8000000 m. car. ; 40000 m. car. ; 1600 m. car. ; 7500 m. car.

823. 50000 m. car. ; 1400 m. car. ; 800 m. car. ; 0 m. car. 64.

824. 600 m. car. ; 7500 m. car. ; 0 m. car. 07 ; 0. m. car. 0008.

825. Sept cent trente-six m. car. ; quatre cent dix-huit m. car. ; cinq cent neuf m. car. ; mille sept cent cinquante m. car.

826. Sept m. car., vingt-quatre décim. car. ; huit m. car., soixante quinze décim. car. ; quarante-deux m. car., quarante-huit décim. car. ; soixante m. car.

827. Seize m. car., cinq décim. car. ; dix-sept m. car., quatre centim. car. ; quatre-vingt-neuf m. car., neuf décim. car.

828. Six m. car , trois mille deux cent quinze centim. car. ; soixante-dix-neuf m. car., deux cent quatre-vingt-sept centim. car. ; quinze m. car., soixante-six centim. car.

829. Quarante et un m. car., neuf mille trente

centim. car.; sept m. car., mille neuf cent six centim. car.; soixante-quinze m. car., cent quatre-vingt centim. car.

830. Sept mille trois cent cinq m. car.; six mille sept cent cinquante centim. car.; deux cent dix neuf m. car., quatre-vingt-dix décim. car.; quatre-vingt-un m. car., mille neuf cent trente centim. car.

831. Deux m. car., six cent trois mille sept cent cinquante millim. car.; dix-huit m. car., six cent trente-sept mille vingt et un millim. car.; soixante-huit m. car., quatre cent trois mille cent vingt millim. car.; cinq mille trois cent soixante quinze m. car., soixante-dix décim. car.; quatre-vingt-quatre m. car., six décim. car.; neuf m. car., cinquante centim. car.

832. Quarante et un m. car., soixante-treize mille cent quarante millim. car.; quatre-vingt-treize décim. car.; deux mille six cent dix-neuf centim. car.; sept cent vingt-six mille quatre cent cinq millim. car.; soixante-dix décim. car.; huit décim. car.; quatre-vingt-dix centim. car.

833. 1re *Question.* — Quarante-trois ares, soixante-dix-neuf centiares; soixante ares, trente-cinq centiares; quatre mille deux cent trente-huit ares, quarante centiares.

2e *Question.* — Pas d'hectares, quarante-trois ares, soixante-dix-neuf centiares; pas d'hectares, soixante ares, trente-cinq centiares; quarante-deux hectares, trente-huit ares, quarante centiares.

834. 1re *Question.* — Cinq ares, quarante centiares, soixante-dix-neuf déc. car; quatre-vingt-quatre ares; soixante-sept centiares, cinquante et un décim. car.;

cent soixante-six ares, soixante-dix-neuf centiares, cinq décim. car.

2ᵉ *Question*. — Pas d'hectares, cinq ares, quarante centiares, soixante-dix-neuf décim. car.; pas d'hectares, quatre-vingt-quatre ares, soixante-sept centiares, cinquante et un décim. car.; un hectare, soixante-six ares, soixante-dix-neuf centiares, cinq décim. car.

835. 1ʳᵉ *Question*. — Un are, quatre-vingt-trois centiares, soixante-dix décim. car.; deux mille sept cent trente-neuf ares, quarante-trois centiares, huit mille quatre cent dix cent. car.; soixante-deux ares, soixante-treize centiares.

2ᵉ *Question*.— Pas d'hectares, un are, quatre-vingt trois centiares, soixante-dix décim. car.; vingt-sept hectares, trente-neuf ares, quarante-trois centiares, huit mille quatre cent dix centim. car.; pas d'hectares, soixante-deux ares, soixante-treize centiares.

836. 1ʳᵉ *Question*. — Deux mille deux cent quatre-vingt-quatorze ares, trente-cinq centiares, huit décim. car.; quatre mille trente ares, cinquante et un centiares; mille quatre cent soixante ares, sept centiares.

2ᵉ *Question*. — Vingt deux hectares, quatre-vingt-quatorze ares, trente-cinq centiares, huit décim. car.; quarante hectares, trente ares, cinquante et un centiares; quatorze hectares, soixante ares, sept centiares.

837. L'étendue des deux champs réunis est de 1, 45, 25 + 0, 72, 03 = 2 hect. 17 a. 28 centiares.

838.   **Mémoire d'un peintre.**

Travaux de peinture exécutés chez M. Henri, rentier, rue du Palais-de-Justice, à Troyes, par Louis Brulé, peintre.

CUISINE.	SURFACE		PRIX	
			fr.	c.
Développement des murailles, 15 m. 8 × 2 m. 30 =	36	34	»	»
à 1 fr. le mètre. — A déduire 8 verres, 0 m. 50 × 0 m. 40 = 1.60 — A déduire 2 portes, 2 m. 10 × 1 m. 60 = 6.72 8.32	»	»	38	22
Plafond, 3 m. 40 × 3 m. =	10	20	»	»
à 0 f.50 — Porte de la cuisine, 2 m. 20 × 1 m. 60 = 3.52 — Porte d'intérieur, 1 m. 95 × 0 m. 75 = 1.46 4.98	»	»	2	49
VESTIBULE.				
Lambris, 12 m. 75 × 1 m. 40 =	17	85	»	»
2 m. 50 × 2 m. 40 =	6	»	»	»
à 1 f.20 — 1 m. 55 × 3 m. 25 =	5	03	»	»
A déduire, 1 m. 20 × 2 m. 25 = 22 m. 70	»	»	39	64
Lambris granité, 9 m. 80 × 0 m. 70 =	6	86	»	»
Total à payer.....			80	35

839. L'étendue de la portion qui reste est de 3, 40, 39 — 0, 75, 47 = 2 hect. 64 a. 92 centiares.

840. Ce champ vaut 700,15 × 43,50 = 30456 fr. 525 millimes.

841. L'are revient à 1760 : 55,09 = 31 fr. 94 cent.

842. Ce champ coûte [35,40 × (28,60 : 2)] × 0,1450 = 73 fr. 40 cent.

843. On emploiera 7 × 0,7585 = 5 kilogr. 3095 décigr. de graine de colza.

844. Le premier système procurera une économie de (3,200 — 2,500) × 1,40 = 0 kilogr. 980 gr. de semence.

845. L'étendue de ce champ est de 4000 : 12,60 = 3 hect. 17 a. 46 centiares.

846. La surface de ce champ est de 150 × 48 = 72 ares ; la valeur en est de 23,50 × 72 = 1692 fr.

§ VII. Volumes.

847. 38 m. cub. ; 49 m. cub. ; 107 m. cub. ; 502 m. cub.

848. 458 m. cub. ; 259 m. cub. ; 3657 m. cub.

849. 9410 m. cub. ; 8015 m. cub. ; 6007 m. cub. ; 400 m. cub.

850. 16179 m. cub. ; 14905 m. cub. ; 40 m. cub.

851. 6 m. cub. 423 ; 13 m. cub. 905 ; 20 m. cub. 049.

852. 8 m. cub. 035 ; 900 m. cub. 014 ; 7 m. cub. 008.

5.

853. 0 m. cub. 736 ; 0 m. cub. 920; 0 m. cub. 063 ; 0 m. cub. 007.

854. 28 m. cub. 854286; 9 m. cub. 006748.

855. 0 m. cub. 005204; 0 m. cub. 000269; 0 m. cub. 000045 ; 0 m. cub. 000009; 0 m. cub. 000020.

856. 3 m. cub. 603429038; 0 m. cub. 000000216; 0 m. cub. 000000025.

857. 0 m. cub. 004; 0 m. cub. 018 ; 0 m. cub. 309.

858. 9000000 m. cub.; 46000000 m. cub. 619000000 m. cub.

859. 24000000000 m. cub.; 12000000000 m. cub., 302000000000 m. cub.

860. 4000000000 m. cub.; 536000000 m. cub.; 103000 m. cub.

861. 5026077 m. cub.

862. Mille trois cent quatre m. cub. ; vingt et un mille neuf cent quarante-cinq m. cub.; soixante-seize mille cent m. cub.

863. Soixante-trois m. cub. quatre cent dix-huit décim. cub.; quatre-vingt-douze m. cub. deux cent soixante-treize décim. cub.; quatorze m. cub. deux cent quarante-six décim. cub ; vingt-cinq m. cub. quatre cent soixante-treize mille neuf cents centim. cub.; soixante-huit m. cub. six cent trente centim. cub.

864. Six cent quarante-neuf décim. cub.; sept cent quarante-cinq décim. cub.; cinquante décim. cub.; quatre cents décim. cub.; cinquante décim. cub.; huit décim. cub.

865. Quatorze mille cinq cent trente-quatre m. cub.; vingt-neuf mille sept cent cinquante-huit m. cub.; six m. cub. deux cent cinquante décim. cub.

866. Soixante-huit m. cub. quatre cent trente-sept mille deux cent dix-neuf centim. cub.; huit m. cub. trois cent quarante-sept mille deux cent soixante-cinq centim. cub.; quatre cent cinquante-sept mille trois cent cinquante-neuf centim. cub.; deux cent soixante-treize mille neuf cent dix centim. cub.

867. Ce tas de pierres est vendu $15 \times 7,50 = 112$ fr. 50 cent.

868. Ce marchand de bois doit payer $4,75 \times 48 = 228$ fr.

869. Le volume de ce cube est de $6,68 \times 6,68 \times 6,68 = 298$ m. cub. 077632 centim. cub.

870. Le volume de ce morceau de bois est de $5,78 \times 0,32 \times 0,32 = 5$ décistères 94 centièmes de décistère.

871. Cette maçonnerie a coûté $13,65 \times 2,12 \times 0,35 \times 18,50 = 187$ fr. 37 cent.

872. La contenance de cette auge est de $0,35 \times 0,42 \times 2,80 = 411$ lit. 6 décilit.

873. Le volume de ce morceau de bois est de $52 : 6,5 = 8$ décistères.

874. Le stère coûte $4,8 \times 10 = 48$ fr.

875. Les deux longueurs font $9,40 \times 2 = 18$ m. 80; les deux largeurs font $(5,30 - 0,45) \times 2 = 9$ m. 70;

le volume des murailles est de $(18,80 + 9,70) \times 0,45 = 12$ m. cub. 825 décim. cub.

876. La valeur de ce tas de bois est de $4,75 \times 1,80 \times 1,32 \times 9,80 = 110$ fr. 60 cent.

877. Le volume de cette colonne est de $0,07 \times 0,07 \times 3,1416 \times 3,85 = 0$ m. cub. 059266 centim. cub.

CHAPITRE XIV

Fractions.

§ I. — Notions diverses.

878. $\dfrac{4}{5}$; $\dfrac{3}{7}$; $\dfrac{8}{9}$; $\dfrac{4}{16}$.

879. $\dfrac{6}{11}$; $\dfrac{11}{13}$; $\dfrac{6}{7}$; $\dfrac{4}{9}$.

880. $\dfrac{2}{7}$; $\dfrac{4}{15}$; $\dfrac{6}{13}$; $\dfrac{9}{17}$.

881. $\dfrac{7}{5}$; $\dfrac{8}{7}$; $\dfrac{9}{10}$; $\dfrac{12}{8}$.

882. $3\dfrac{2}{5}$; $4\dfrac{7}{11}$; $5\dfrac{3}{13}$.

883. Trois huitièmes; cinq neuvièmes; sept neuvièmes; six septièmes; huit onzièmes; deux neuvièmes; trois treizièmes.

884. Cinq septièmes; six onzièmes; sept douzièmes; trois quarts; deux tiers; un tiers; un neuvième.

885. Sept huitièmes; huit cinquièmes; neuf quarts; six cinquièmes; quatre tiers; trois dix-huitièmes; sept dix-neuvièmes.

886. Six unités deux cinquièmes; sept unités trois onzièmes; quinze unités deux septièmes; six unités sept dix-neuvièmes; sept unités huit quarante et unièmes.

887. 3; 3; 3; 3; 4; 6; 3.

888. 6; 6; 12; 8; 8; 5; $5\frac{2}{8}$.

889. $3\frac{2}{7}$; $3\frac{1}{6}$; $5\frac{3}{9}$; $6\frac{3}{8}$; $24\frac{7}{17}$; $32\frac{12}{23}$; $4\frac{9}{15}$

890. $\frac{18}{6}$; $\frac{54}{6}$; $\frac{108}{6}$; $\frac{102}{6}$; $\frac{144}{6}$; $\frac{48}{6}$.

891. $\frac{40}{5}$; $\frac{30}{5}$; $\frac{10}{5}$; $\frac{35}{5}$; $\frac{15}{5}$; $\frac{45}{5}$; $\frac{230}{5}$.

892. $\frac{37}{7}$; $\frac{35}{4}$; $\frac{65}{7}$; $\frac{91}{11}$; $\frac{137}{9}$.

893. $\frac{43}{5}$; $\frac{119}{13}$; $\frac{34}{7}$; $\frac{231}{19}$; $\frac{737}{48}$.

894. $\frac{12}{7}$; $\frac{20}{6}$; $\frac{32}{13}$; $\frac{20}{12}$; $\frac{24}{11}$.

895. $\dfrac{10}{15}$; $\quad \dfrac{15}{20}$; $\quad \dfrac{30}{25}$; $\quad \dfrac{40}{35}$; $\quad \dfrac{35}{50}$.

896. $\dfrac{12}{7}$; $\quad \dfrac{48}{11}$; $\quad \dfrac{24}{13}$; $\quad \dfrac{30}{11}$; $\quad \dfrac{30}{24}$.

897. $\dfrac{3}{20}$; $\quad \dfrac{6}{40}$; $\quad \dfrac{7}{36}$; $\quad \dfrac{3}{32}$; $\quad \dfrac{7}{44}$.

898. $\dfrac{2}{35}$; $\quad \dfrac{4}{75}$; $\quad \dfrac{11}{100}$; $\quad \dfrac{3}{40}$; $\quad \dfrac{5}{30}$.

899. $\dfrac{4}{42}$; $\quad \dfrac{7}{77}$; $\quad \dfrac{3}{84}$; $\quad \dfrac{5}{98}$; $\quad \dfrac{8}{133}$.

900. $\dfrac{1}{2}$; $\quad \dfrac{1}{2}$; $\quad \dfrac{1}{2}$; $\quad \dfrac{1}{3}$; $\quad \dfrac{1}{5}$; $\quad \dfrac{1}{5}$; $\quad \dfrac{1}{3}$; $\quad \dfrac{2}{9}$; $\quad \dfrac{1}{4}$

901. $\dfrac{3}{4}$; $\quad \dfrac{2}{3}$; $\quad \dfrac{1}{4}$; $\quad \dfrac{3}{8}$; $\quad \dfrac{1}{2}$; $\quad \dfrac{1}{7}$; $\quad \dfrac{1}{3}$; $\quad \dfrac{1}{2}$.

902. $\dfrac{1}{5}$; $\quad \dfrac{3}{4}$; $\quad \dfrac{4}{5}$; $\quad \dfrac{9}{13}$; $\quad \dfrac{1}{2}$; $\quad \dfrac{3}{4}$; $\quad \dfrac{4}{15}$; $\quad \dfrac{1}{12}$.

903. $\dfrac{23}{45}$; $\quad \dfrac{209}{2176}$; $\quad \dfrac{68}{119}$; $\quad \dfrac{821}{1460}$; $\quad \dfrac{179}{16}$; $\quad \dfrac{16}{501}$.

904. $\dfrac{21}{35}\ \dfrac{30}{35}$; $\quad \dfrac{8}{36}\ \dfrac{27}{36}$; $\quad \dfrac{32}{40}\ \dfrac{30}{40}$; $\quad \dfrac{26}{143}\ \dfrac{33}{143}$; $\quad \dfrac{168}{378}\ \dfrac{162}{378}$ $\dfrac{315}{378}$.

905. $\dfrac{36}{45}\ \dfrac{35}{45}$; $\quad \dfrac{10}{35}\ \dfrac{21}{35}$; $\quad \dfrac{52}{143}\ \dfrac{66}{143}$; $\quad \dfrac{24}{36}\ \dfrac{3}{36}$; $\quad \dfrac{35}{42}\ \dfrac{12}{42}$.

906. $\dfrac{21}{63}\ \dfrac{42}{63}\ \dfrac{36}{63}$; $\quad \dfrac{594}{693}\ \dfrac{385}{693}\ \dfrac{378}{693}$; $\quad \dfrac{285}{1235}\ \dfrac{441}{1235}$ $\dfrac{390}{1235}$; $\quad \dfrac{24}{572}\ \dfrac{360}{572}$;

907. $\dfrac{4680}{15912}\ \dfrac{11934}{15912}\ \dfrac{4896}{15912}\ \dfrac{12376}{15912}$; $\dfrac{44}{132}\ \dfrac{33}{132}\ \dfrac{60}{132}$; $\dfrac{6}{42}$

$\dfrac{14}{42}\ \dfrac{14}{42}\ \dfrac{7}{42}$.

§ II. Addition des fractions.

908. $\dfrac{7}{6}$; $\dfrac{5}{8}$; $\dfrac{11}{9}$; $\dfrac{19}{12}$.

909. $\dfrac{13}{11}$; $\dfrac{14}{13}$; $\dfrac{19}{15}$.

910. $\dfrac{27}{18}$; $\dfrac{83}{21}$.

911. $\dfrac{38}{24}$; $\dfrac{43}{72}$; $\dfrac{109}{143}$; $\dfrac{45}{28}$; $\dfrac{59}{42}$.

912. $\dfrac{243}{189}$; $\dfrac{13}{7}$; $\dfrac{133}{165}$.

913. $\dfrac{3732}{10175}$; $\dfrac{72}{33}$; $\dfrac{923}{360}$.

914. $\dfrac{32138}{19635}$; $\dfrac{3753}{3240}$.

915. $\dfrac{60684}{35343}$; $\dfrac{891}{520}$.

916. $8\dfrac{5}{42}$; $14\dfrac{5}{12}$; $24\dfrac{43}{55}$.

917. $23\dfrac{34}{63}$; $25\dfrac{45}{66}$; $27\dfrac{11}{15}$.

918. $20\dfrac{16}{21}$; $19\dfrac{166}{285}$; $58\dfrac{23}{63}$.

919. $84\dfrac{45}{99}$; $41\dfrac{4607}{17430}$.

920. Il est dû à Eugène $\dfrac{1}{4}+\dfrac{2}{3}=\dfrac{11}{12}$ de jour.

921. J'ai enlevé $\dfrac{1}{4}+\dfrac{2}{9}=\dfrac{17}{36}$ du tas de bois.

922. Cet ouvrier a creusé en tout $\dfrac{2}{11}+\dfrac{1}{3}+\dfrac{4}{17}$ $=\dfrac{421}{561}$ du fossé.

923. Louis a employé en tout $1\dfrac{2}{5}+3\dfrac{1}{4}+5\dfrac{2}{3}=10$ jours $\dfrac{19}{60}$ pour labourer sa pièce de terre.

924. Les ouvriers ont fait respectivement $\dfrac{1}{5}$, $\dfrac{1}{7}$, $\dfrac{1}{8}$, $\dfrac{1}{10}$ et ensemble $\left(\dfrac{1}{5}+\dfrac{1}{7}+\dfrac{1}{8}+\dfrac{1}{10}\right)=\dfrac{159}{280}$ de l'ouvrage.

925. Le total de sa livraison est de $5\dfrac{2}{3}+2\dfrac{1}{7}+13\dfrac{2}{5}$ $=21$ hectolitres $\dfrac{22}{105}$ de vin.

§ III. Soustraction des fractions.

926. $\dfrac{2}{7}$; $\dfrac{1}{9}$; $\dfrac{4}{8}$; $\dfrac{2}{5}$.

927. $\dfrac{8}{15}$; $\quad \dfrac{15}{33}$; $\quad \dfrac{5}{25}$; $\quad \dfrac{2}{19}$.

928. $\dfrac{17}{47}$; $\quad \dfrac{19}{215}$; $\quad \dfrac{42}{300}$; $\quad \dfrac{5}{417}$.

929. $\dfrac{22}{63}$; $\quad \dfrac{9}{77}$; $\quad \dfrac{37}{66}$; $\quad \dfrac{56}{117}$.

930. $\dfrac{16}{35}$; $\quad \dfrac{19}{117}$; $\quad \dfrac{8}{45}$; $\quad \dfrac{18}{495}$.

931. $\dfrac{24}{55}$; $\quad \dfrac{88}{399}$; $\quad \dfrac{44}{155}$; $\quad \dfrac{39}{55}$.

932. $\dfrac{107}{258}$; $\quad \dfrac{79}{301}$; $\quad \dfrac{61}{119}$; $\quad \dfrac{34}{55}$.

933. $2\dfrac{1}{15}$; $\quad 3\dfrac{23}{66}$; $\quad 4\dfrac{5}{12}$.

934. $2\dfrac{65}{84}$; $\quad 3\dfrac{102}{495}$; $\quad \dfrac{13}{21}$.

935. $11\dfrac{25}{44}$; $\quad 5\dfrac{19}{40}$; $\quad 9\dfrac{47}{63}$.

936. $2\dfrac{19}{204}$; $\quad 15\dfrac{5}{12}$; $\quad 4\dfrac{2}{5}$.

937. Il reste à faire à cet ouvrier $\dfrac{17}{17} - \dfrac{5}{17} = \dfrac{12}{17}$ de l'ouvrage.

938. Il reste de ce papier $8 - 4\dfrac{2}{5} = 3$ mèt. $\dfrac{3}{5}$.

939. Il me reste $1 - \left(\dfrac{1}{5} + \dfrac{2}{7}\right) = \dfrac{18}{35}$ de mon argent.

940. Il reste dans ce tonneau 2 hectol. $\dfrac{2}{9}$.

941. Le poids du troisième pain de sucre est de

$$22\,\frac{3}{8} - \left(6\,\frac{3}{4} + 8\,\frac{1}{5} \right) = 7 \text{ kilogr. } \frac{17}{40}.$$

§ IV. Multiplication des fractions.

942. $\dfrac{18}{4}$; $\dfrac{35}{8}$; $\dfrac{14}{3}$; $\dfrac{15}{7}$; $\dfrac{40}{9}$.

943. $\dfrac{32}{9}$; $\dfrac{45}{13}$; $\dfrac{54}{11}$; $\dfrac{100}{12}$.

944. $\dfrac{165}{42}$; $\dfrac{480}{9}$; $\dfrac{20}{213}$; $\dfrac{1686}{315}$.

945. $\dfrac{480}{27}$; $\dfrac{365}{18}$; $\dfrac{16}{45}$; $159\,\dfrac{127}{197}$.

946. $\dfrac{8}{18}$; $\dfrac{36}{65}$; $\dfrac{40}{63}$; $\dfrac{6}{24}$.

947. $\dfrac{36}{504}$; $\dfrac{120}{315}$; $\dfrac{36}{220}$.

948. $\dfrac{48}{1365}$; $\dfrac{260}{3960}$; $\dfrac{2912}{33201}$.

949. $\dfrac{480}{12600}$; $\dfrac{1872}{23655}$; $\dfrac{21762}{1018725}$.

950. $45\,\dfrac{13}{30}$; $31\,\dfrac{17}{28}$; 154; $32\,\dfrac{8}{63}$.

951. $153\,\dfrac{1}{9}$; $59\,\dfrac{73}{169}$; $189\,\dfrac{35}{54}$.

952. $10\,\dfrac{20}{69}$; $30\,\dfrac{24}{25}$; $120\,\dfrac{35}{231}$.

953. $\dfrac{1}{6}$; $\dfrac{28}{135}$.

954. $\dfrac{1}{22}$; $6\dfrac{6}{39}$.

955. 6 hectol. $\dfrac{2}{9}$ de vin coûteront $32 \times 6\dfrac{2}{9} =$ 199 fr. $\dfrac{1}{9}$.

956. Cette personne doit payer $63 \times \dfrac{2}{3} = 42$ fr.

957. On a pris $528 \times \dfrac{3}{5} = 316$ lit. 8 décilit. de vin; il en reste $528 - 316,8 = 211$ lit. 2 décilit.

958. La première personne prend $42,21 \times \dfrac{2}{9} = 9$ ares 38 centiares; la seconde, $42,21 - 9,38 = 32$ ares 83 centiares.

959. Il reste à Eugène $65 \times \dfrac{1}{5} = 13$ fr.

§ V. Division des fractions.

960. $\dfrac{3}{40}$; $\dfrac{4}{45}$; $\dfrac{7}{72}$; $\dfrac{3}{35}$; $\dfrac{5}{72}$;

961. $\dfrac{5}{54}$; $\dfrac{4}{104}$; $\dfrac{7}{132}$; $\dfrac{14}{405}$.

962. $\dfrac{40}{3}$; $\dfrac{63}{4}$; $\dfrac{25}{3}$; $\dfrac{63}{4}$; $\dfrac{99}{3}$.

963. $\dfrac{60}{3}$; $\dfrac{153}{8}$; $\dfrac{240}{3}$; $\dfrac{832}{7}$; $\dfrac{138}{15}$.

964. $\dfrac{45}{56}$; $\dfrac{8}{7}$; $\dfrac{7}{3}$; $\dfrac{9}{16}$; $\dfrac{14}{15}$.

965. $\dfrac{117}{128}$; $\dfrac{90}{77}$; $\dfrac{7}{5}$; $\dfrac{64}{51}$; $\dfrac{174}{235}$.

966. $\dfrac{35}{102}$; $\dfrac{98}{63}$; $\dfrac{1377}{1160}$; $\dfrac{324}{217}$; $\dfrac{64}{63}$.

967. $\dfrac{148}{91}$; $\dfrac{69}{91}$; $\dfrac{2024}{645}$; $\dfrac{869}{978}$.

968. $\dfrac{1561}{78}$; $\dfrac{55}{808}$; $\dfrac{95}{108}$; $\dfrac{408}{755}$.

969. $\dfrac{15549}{405}$; $\dfrac{392}{175}$; $\dfrac{2472}{365}$; $\dfrac{93}{493}$.

970. Le sac entier coûte $22 : \dfrac{4}{9} = 49$ fr. 50 cent.

971. Cet ouvrier gagne par jour $3,25 : \dfrac{3}{4} = 4$ fr. 333 millimes.

972. Un mètre coûte $29,30 : 3\dfrac{5}{6} = 7$ fr. 64 cent.

973. On a employé par are $\dfrac{2}{7} : 48 = \dfrac{1}{168}$ d'hectol. $= 0$ lit. 59 centilit. de graine

974. Ce convoi mettra $273 : 30\dfrac{2}{5} = 8$ heures $\dfrac{149}{152}$.

975. Le premier fait par heure $\dfrac{19}{4}$ de kilom. ; le second en fait $\dfrac{36}{7}$; ensemble ils en font $\left(\dfrac{19}{4} + \dfrac{36}{7}\right) = \dfrac{277}{28}$. Ils se rencontreront après un temps exprimé

par $52\dfrac{1}{2} : \dfrac{277}{28} = 5$ heures $\dfrac{85}{277}$.

976. En une heure, le second regagne sur le premier convoi $\left(34\dfrac{1}{2} - 28\dfrac{1}{5}\right) = \dfrac{63}{10}$ de kilom. ; ils se rencontreront après un temps exprimé par $52 : \dfrac{63}{10} = 8$ heures $\dfrac{16}{63}$.

977. $\dfrac{52}{10}$; $\dfrac{831}{100}$; $\dfrac{164}{10}$; $\dfrac{193}{10}$; $\dfrac{6134}{100}$; $\dfrac{723}{10}$; $\dfrac{4576}{100}$.

978. $\dfrac{41351}{1000}$; $\dfrac{1602}{100}$; $\dfrac{48979}{1000}$; $\dfrac{7034}{100}$; $\dfrac{107}{100}$; $\dfrac{2038}{10000}$.

979. 0,8 ; 0,32 ; 0,2 ; 0,8 ; 0,25 ; 0,125 ; 0,3809... ; 0,333... ; 0,1875 ; 0,375 ; 0,833....

980. 0,714... ; 0,888.... ; 0,4375 ; 0,295 ; 0,0878... ; 0,1746... ; 0,2843 ; 0,059....

CHAPITRE XV
Règles de trois.

§ 1ᵉʳ. Règle de trois simple.

981. Un mètre de drap coûterait $\dfrac{600}{52}$; 18 mètres coûteront $\dfrac{600 \times 18}{52} = 207$ fr. 69 cent.

982. $\dfrac{450 \times 215}{48} = 2015$ kilog. 625 gr.

983. $\dfrac{15 \times 760}{130} = 87$ à 88 pruniers.

984. $\dfrac{42 \times 9000}{1428} = 264$ à 265 arbres.

985. $\dfrac{88,50 \times 27}{18} = 132$ fr. 75 cent.

986. $\dfrac{76 \times 648}{102} = 482$ kilog. 823 gr. de farine.

987. $\dfrac{72,4 \times 1518}{86,6} = 1269$ stères 09 centièmes.

§ II. Règle de trois composée.

988. $\dfrac{68,85 \times 8,35 \times 0,38 \times 0,42}{7,80 \times 0,47 \times 0,51} = 49$ fr. 07 cent.

989. $\dfrac{840 \times 8,34 \times 6,90}{6,25 \times 5,42} = 1426$ carreaux environ.

990. $\dfrac{6408 \times 85,9 \times 48,30}{75,82 \times 58,65} = 5978$ m. cub de fumier.

991. $\dfrac{43 \times 25 \times 8 \times 4}{18 \times 9 \times 3} = 70$ jours 78 centièmes.

992. $\dfrac{3 \times 14760 \times 13}{840 \times 100} = 6$ jours 85 centièmes.

CHAPITRE XVI

Règle d'intérêt simple.

993. $\dfrac{418 \times 5}{100} = 20$ fr. 90 cent.

994. $\dfrac{1607 \times 6 \times 3}{100} = 289$ fr. 26 cent.

995. $\dfrac{4315 \times 3,5 \times 4}{100} = 604$ fr. 10 cent.

996. $\dfrac{8051 \times 4 \times 6}{100} = 1932$ fr. 24 cent.

997. $\dfrac{12600 \times 5 \times 3}{100} = 1890$ fr.

998. $\dfrac{6730 \times 6 \times 8}{100} = 3230$ fr. 40 cent.

999. $\dfrac{415,75 \times 3 \times 4}{100} = 49$ fr. 89 cent.

1000. $\dfrac{820,30 \times 4,5 \times 5}{100}$ 184 fr. 56 cent.

1001. $\dfrac{6540 \times 6}{1200} = 32$ fr. 70 cent.

1002. $\dfrac{739,80 \times 6 \times 8}{1200} = 29$ fr. 592 millimes.

1003. $\dfrac{2451 \times 5 \times 4}{1200} = 40$ fr. 85 cent.

1004. $\dfrac{3117,60 \times 4 \times 5}{1200} = 51$ fr. 96 cent.

1005. $\dfrac{8532,46 \times 5 \times 7}{1200} = 248$ fr. 86 cent.

1006. $\dfrac{2500 \times 6 \times 125}{36000} = 52$ fr. 08 cent.

1007. $\dfrac{4339,80 \times 5 \times 68}{36000} = 40$ fr. 987 millimes.

1008. $\dfrac{15436,25 \times 4,5 \times 240}{36000} = 463$ fr. 08 cent.

CHAPITRE XVII

Règle d'escompte.

1009. $920 - \left(\dfrac{920 \times 6 \times 78}{36000}\right) = 908$ fr. 04 cent.

1010. $1416 - \left(\dfrac{1416 \times 6 \times 42}{36000}\right) = 1406$ fr. 088 m.

1011. $6730 - \left(\dfrac{6730 \times 6 \times 29}{36000}\right) = 6697$ fr. 48 c.

1012. $435,78 - \left(\dfrac{435,78 \times 6 \times 90}{36000}\right) = 429$ fr. 25 c.

1013. $1734,60 - \left(\dfrac{1734,60 \times 6 \times 60}{36000}\right) = 1717$ fr. 26 c.

1014. $8049,50 - \left(\dfrac{8049,50 \times 6 \times 45}{36000}\right) = 7989$ fr. 13 c.

CHAPITRE XVIII

Rentes sur l'État. — Valeurs diverses.

1015. $\dfrac{5 \times 25432}{89,70} = 1417$ fr. 61 cent.

1016. $\dfrac{12300 \times 3}{615} = 60$ fr.

1017. $\dfrac{4,50 \times 100}{88,5} = 5$ fr. 084 millimes.

1018. On devra débourser $362,25 \times 27 = 9780$ fr. 75 cent.

1019. $\dfrac{25 \times 100}{415,60} = 6$ fr. 015 millimes.

CHAPITRE XIX

Règle des moyennes.

1020. $\dfrac{6+7+3}{3}=5\dfrac{1}{3};\quad \dfrac{4+5+6+7+3}{5}=5;$
$\dfrac{8+9+15+6+2+9+3}{7}=7\dfrac{3}{7}.$

1021. $\dfrac{9+6+5}{3}=6\dfrac{2}{3};\quad \dfrac{6+8+12+25}{4}=12\dfrac{3}{4};$
$\dfrac{17+31+3+6+7+4}{6}=11\dfrac{1}{3}.$

1022. $\dfrac{10+16+32+46}{4}=26;\quad \dfrac{9+8+6+5+49}{5}=15\dfrac{2}{5};$
$\dfrac{36+68+25}{3}=43.$

1023. $\dfrac{19+23+41+56+0{,}37}{5}=27{,}874;$
$\dfrac{9+27+32+6+8+10}{6}=15\dfrac{1}{3}.$

1024. $\left(\dfrac{3}{4}+\dfrac{4}{5}+\dfrac{7}{9}\right) : 3 = \dfrac{419}{540}; \left(\dfrac{6}{7}+\dfrac{4}{5}+\dfrac{7}{8}+\dfrac{25}{47}\right)$

$: 4 = \dfrac{40323}{52640}; \quad \left(\dfrac{2}{3}+\dfrac{7}{8}+\dfrac{1}{2}\right) : 3 = \dfrac{49}{72}.$

1025. à $\dfrac{23+15}{2} = 19$ fr.

1026. $\dfrac{3,20+2,75+3,45+3,10}{4} = 3$ fr. 125 millimes.

CHAPITRE XX

Règle d'alliage & de mélange.

1027. Un double-décalitre coûte $[(6,25 \times 14) + (5,20 \times 18)] : (14 + 18) = 5$ fr. 65 ; un litre coûte $5,65 : 20 = 0$ fr. 282 millimes.

1028. $[(47,60 \times 35) + (51,25 \times 28) + (48 \times 36)] : (35 + 28 + 36) = 48$ fr. 77 cent.

1029. $[(53,700 \times 4,20) + (2,50 \times 6) + (1,300 \times 0,62)] : (53,700 + 6 + 1,300) = 3$ fr. 95 cent.

1030. $[(0,62 \times 150) + (0,95 \times 45)] : (150 + 45 + 25) = 0$ fr. 617 millimes.

CHAPITRE XXI

Quantités proportionnelles.

1031 I. 1re part, $\dfrac{1475 \times 4}{37} = 159$ fr. 459 millimes;

2e part, $\dfrac{1475 \times 7}{37} = 279$ fr. 054 millimes; 3e part,

$\dfrac{1475 \times 26}{37} = 1036$ fr. 48 cent.

II. En réduisant au même dénominateur, et en partageant proportionnellement aux numérateurs, on a :

1re part, $\dfrac{2415 \times 30}{89} = 814$ fr. 04 cent. ; 2e part,

$\dfrac{2415 \times 35}{89} = 949$ fr. 71 cent. ; 3e part, $2415 \times 24 = $ 651 fr. 23 cent.

1032. 1re part, $\dfrac{41,50 \times 3,25}{(3,25 + 4,15 + 2)} = 14$ lit. 35 centil. ; 2e part, $\dfrac{41,50 \times 4,15}{(3,25 + 4,15 + 2)} = 18$ lit. 32 centilit. ;

3^e part, $\dfrac{41,50 \times 2}{(3,25 + 4,15 + 2)} = 8$ lit. 83 centilit.

1033. 1re part, $\dfrac{9,80 \times 3,25}{(3,25 + 4,15 + 2)} = 3$ fr. 39 cent.;

2e part, $\dfrac{9,80 \times 4,15}{(3,25 + 4,15 + 2)} = 4$ fr. 33 cent.; 3e part,

$\dfrac{9,80 \times 2}{(3,25 + 4,15 + 2)} = 2$ fr. 08 cent.

CHAPITRE XXII

Règle de Société.

1034. Le 1er, $\dfrac{1640,20 \times 60}{(60 + 112 + 56 + 67 + 87)} = 257$ fr.

61 cent. ; le 2e, $\dfrac{1640,20 \times 112}{382} = 480$ fr. 90 cent. ; le

3e, $\dfrac{1640,20 \times 56}{382} = 240$ fr. 45 cent. ; le 4e,

$\dfrac{1640,20 \times 67}{382} = 287$ fr. 68 cent. ; le 5e, $\dfrac{1640,20 \times 87}{382}$

$= 373$ fr. 56 cent.

1035. Au 1er, $\dfrac{4300 \times 18000}{(18000 + 8750)} - 1650 = 1243$ fr. 46

cent. ; au 2e, $\dfrac{4300 \times 8750}{(18000 + 8750)} = 1406$ fr. 54 cent.

1036. La somme à partager est $3980,70 - 140$
$= 3840$ fr. 70 cent. Le 1er associé aura
$\dfrac{3840,70 \times 4300 \times 15}{64500 + 105000 + 67320} + 140 = 1186$ fr. 05 cent. ;

Le 2e, $\dfrac{3840,70 \times 105000}{236820} = 1702$ fr. 87 cent. ; le 3e,

$\dfrac{3840,70 \times 67320}{236820} = 1091$ fr. 78 cent.

CHAPITRE XXIII

Règle du temps pour les paiements.

1037. Le suif coûte $1548 \times 1,12 = 1733$ fr. 76 cent., dont le $\dfrac{1}{3} = 577$ fr. 92 cent. On a donc :

$$577,92 \times 15 = 8668 \text{ fr. } 80 \text{ cent.}$$
$$577,92 \times 30 = 17337 \text{ fr. } 60 \text{ cent.}$$
$$577,92 \times 45 = 26006 \text{ fr. } 40 \text{ cent.}$$

$$\overline{1733,76 \qquad\qquad 52012 \text{ fr. } 80 \text{ cent.}}$$

Cette personne devra payer après un temps exprimé par $52012,80 : 1733,76 = 30$ jours.

1038. Mon achat s'élève à $4,75 \times 700 = 3325$ fr.

J'ai droit à l'intérêt de cette somme pendant 120 jours, soit à l'intérêt de $3325 \times 120 = 399000$ fr. pendant 1 jour.

Je profite de $(800 \times 40) + (1500 \times 50)$, c'est-à-dire de 107000 fr. d'intérêts pendant un jour, et comme j'ai versé $800 + 1500 = 2300$ fr., je dois encore $3325 - 2300 = 1025$ fr., que je puis garder

pendant $\dfrac{399000 - 107000}{1025} = \dfrac{292000}{1025} = 284$ jours.

9 782019 984526